U0240550

项目支持：中宣部宣传思想文化英才项目《手工艺的当代转化与价值创造》，四川美术学院学科建设项目。

西南百工卷

主编 谢亚平

荥经砂器

THE MYRIAD
RAFTS OF
OUTHWEST
HINA

YINGJING
ANDWARE

王 欣 著
海南

江苏凤凰美术出版社

器物是人与环境结合的产物

史之境

技之境

空间之境

物之境

传承之境

天有时

地有气

材有美

工有巧

合此四者

然后可以为良也

图书在版编目（CIP）数据

荥经砂器 / 易欣，何海南著. -- 南京：江苏凤凰
美术出版社，2024.10
（西南百工卷 / 谢亚平主编）
ISBN 978-7-5741-1559-0

Ⅰ.①荥… Ⅱ.①易… ②何… Ⅲ.①砂－蒸炒锅－
生产工艺－荥经县 Ⅳ.①TS223.3

中国国家版本馆CIP数据核字（2023）第247478号

责 任 编 辑　孙剑博
责任设计编辑　赵　秘
装 帧 设 计　焦莽莽
责 任 校 对　唐　凡
责 任 监 印　唐　虎

书　　　名	荥经砂器
著　　　者	易　欣　何海南
出 版 发 行	江苏凤凰美术出版社（南京市湖南路1号　邮编：210009）
制　　　版	南京新华丰制版有限公司
印　　　刷	徐州绪权印刷有限公司
开　　　本	787 mm×1092 mm　1/16
印　　　张	10
字　　　数	160千
版　　　次	2024年10月第1版
印　　　次	2024年10月第1次印刷
标准书号	ISBN 978-7-5741-1559-0
定　　　价	98.00元

营销部电话　025-68155790　营销部地址　南京市湖南路1号
江苏凤凰美术出版社图书凡印装错误可向承印厂调换

总　序

　　"百工"，原是我国古代掌管营建制造工官之称谓，至春秋时期逐渐沿用作手工艺人的总称。《西南百工卷》规划出版的立意亦是如此，旨在对西南地区传统手工艺典型案例翔实记录与研究，以观百工造物史，察技艺众生相。

　　"西南"区域作为中国的腹地，其地理范围经历了长期的发展演变。杨庭硕、罗康隆著《西南与中原》总序中提到"一点四方"的中国结构，"在中国的文化传统中，对其自身内部以某一地区为核心再向东、南、西、北四周进行辐射式划分和描述，其实是一个自古以来从未间断的现象。"[1]在数千年漫长的变迁中，西南不仅代表着一种方向和方位，也因为远离中心，暗示着"一种对其知之甚少的异类文化"。[2]据方国瑜等多名历史学者结合地域、民族分布、发展脉络、行政划分的研究，从《禹贡》中的"梁州"，再到《史记》提及"西南夷"，后三国两晋时期所说"南中七郡"，都是"西南"区域的雏形；随着朝代更替和政治中心的迁移，元代云南的纳入标志着"西南"区域的基本形成；一直到明清时期，在国家力量主导下，驿道开发、移民迁徙、军事屯兵、改土归流和儒学传播等开启了开发西南的历史新篇章。抗战爆发后，"开发大西南"的方针被提出来。中华人民共和国成立后，西南地区包括了四川盆地、云贵高原、青藏高原南部、两广丘陵西部等地形单元，下辖重庆市、四川省、贵州省、云南省、西藏自治区五个地区。在20世纪60年代"三线建设"和80年代"西部大开发"的背景下，西南的位置日益突出。时至今日，西南作为中国"战略腹地"，其当下价值也不容忽视。

　　千百年来，这里立体丰富的地域气候与多民族共融共生的文化，孕育出高度发达的民间手工艺体系。西南民间手工艺其形态之丰富，样态之精美，保存之完好，是中华优秀传统文化生活、

---

1 杨庭硕、罗康隆.西南与中原[M].昆明：云南教育出版社，1992：4.
2 同上，7.

生产和生态智慧的写照。

地处西南的四川美术学院，自建校以来师生一直秉持深入民族民间的传统，将西南地区的区域文化与艺术生态作为整体来看待，肩负着引领传统手工知识发掘与价值创造的重任，以期透过西南这片文化艺术沃土看到中华民族传统文化的优良基因。

从20世纪40年代始，以李有行、沈福文、庞薰琹、雷圭元等为代表的研究者，到80年代后钟茂兰、余强等为代表的工艺美术研究者们，毕生致力于中国传统装饰纹样和西南地区民族民间图案、器物的收集整理，阐释手工艺术中的意义符号与人文价值，先后出版《工艺美术集》《西南少数民族图案集》《中国髹漆工艺美术简史》《四川陶器工艺》《中国少数民族服饰》《人工开物》《手艺的重译》等重要著作，塑造了四川美术学院设计学科关照中国传统文化，立足西南现实的学术传统，并延续至今。

《西南百工卷》系列最初源于2016年中地共建项目"西南民间工艺实验室"，以及随之而准备构建西南地区传统手工艺数据库的工作构想，因此构架了一种以典型案例为基本研究对象的方法。以文化生态学的整合式视角，架构"史论合一、传承与创新并重"的体例，对手工艺个案为微观视野，以手艺人为核心，对手工艺与文化、技术、手艺人等的关系做全景式的探查。因此，该系列每本书均以"史之境、技之境、空间之境、物之境、传承之境"五个版块来规划，但因个案的各自发展特点，五个版块的比例亦可自由延伸。同时，手工艺案例立足当代性的表述，以重视记录当下的田野，回应传统技艺的传承延续与当代变迁的命题。

中华传统工艺历史悠久、品类繁多，凝聚着千年以来的造物智慧与创造精神，蕴藏着深沉敦厚的审美意趣与文化意蕴，反映着中华民族由来已久的造物文脉体系。在一种文明当中，总会存在着"大传统"与"小传统"之分的两种传统。"大传统"作为国家文化秉性、主流文化的导向，"小传统"则是作为文化多样性的一种"人类文明的侧写"。传统民间手工艺是典型的"小传统", 激发研究者进入田野, 去聆听民众生活当中最鲜活的声音。

在传统工艺研究领域里, 对于手工艺个案的研究是极为重要的方法。手工艺研究之所以需要持续地关注个案, 是由于器物本质上是人与物相结合的产物。物, 从来就不是单一的技术或者审美。物与技艺、与地方文化、与创作群体、与地方性知识等互嵌共生。作为民族造物体系的文脉根基, 关于个案的田野研究之于手工艺调研有着绝对的意义和价值。传统工艺具有"在地性"的特质, 其文化场景需要研究者实地感知, 民间的知识文化不是以纸本的形式存在的, 而是广泛存在于田间地头和民间习语当中。

《考工记》载述: "知者创物, 巧者述之守之, 世谓之工。百工之事, 皆圣人作也", 后来者如何"为往圣继绝学"而衍生出诸多制造技艺与造物智慧, 谱写下中华传统文化亘古的华丽篇章。地方性文化的消亡与新文化的生长相伴而行, 中华文脉的主体意识和优秀传统不敢或忘,《西南百工卷》系列秉持着"川美人"的精神, 谨对西南民间工艺个案的历史延续与传承现状作翔实调研与记叙, 将近些年来四川美术学院手工艺研究群体关于西南地区传统手工艺的研究与思考, 付之枣梨, 以飨读者。

是为序。

谢亚平

2023年冬于四川美术学院

前　言

我国重要先秦经典文献《尚书》中记载舜帝曾发问"畴若予工？"后分配垂、殳斨和伯与共同担任"百工"这项职务。在《酒诰》篇中，周公阐述了如何吸取商灭的教训而戒酒的问题，特别提到了殷亡后遗留下来管理手工业生产的百工，即使这一群体犯禁饮酒也不杀掉，说明我国早期统治者非常重视手工业生产。[1]后随着历代几千年的发展，"物勒工名"等制度也不断完善了我国的手工艺制造智慧体系，使其不断在危机与机会中蜕变并自我更新。发展到了近现代，却面临了有史以来的最大危机，即工业化批量生产。在1932年获诺贝尔文学奖的英国作家高尔斯华绥的经典短篇小说《品质》中，今人依旧能够体会一百多年前英国曾经为王族服务的传统手工艺匠人格斯勒兄弟在面临流水线工业化模式皮鞋的冲击时的弱势和无奈。[2]随着当今工业4.0的到来，生产模式发生巨变，大规模批量生产时代发展到大规模定制时代，巨大转变使我国传统民间手工艺遭遇极大的危机，同时，也面临诸多机遇。手工生产与工业化和信息人工智能革命之间的摩擦，正在我国的当下发生。

随着近年来国内外环境的变化，以及国家对高质量发展的时代目标的提出，面临产业结构调整与升级的挑战，传统手工艺的生产模式、销售及传播方式、受众认知、时势、物、人均在变，且在加速、消费、功利主义影响下，变化的速度也在加快，效率和速度压倒一切。传统手工艺在农耕文明时期并非一成不变，只是变化的速度较现在而言略为缓慢。批量化、流水线与人的生理特点无法完全匹配，与人类的创造力呈现天然的矛盾。人是集情感与理智于一体的生物体，存在诸多不确定性、不稳定性，但工业制造的特征是稳定、统一，故传统手工艺面临着脑力创造力如

---

1 王世舜，王翠叶译注.尚书[M].北京：中华书局，2012：26-197.

2 ［英］高尔斯华绥.高尔斯华绥中短篇小说集[M].上海：上海译文出版社，1997：65-73.

何跟上工业化和信息人工智能革命时代步伐的难题。在处理永恒不变的问题如人的天性和社会共性需求的同时，如何处理好正在经历巨变的诸多因素，是传统工艺产业链上所有从业者们必须面对的问题。未来针对传统工艺的保护开发，尤其是四川雅安荥经砂器所处的西部地区正面临人口外流，以及人口减少的空心化危机，并面对沿海产业带的价廉物美商品的强势竞争冲击，应当如何还原荥经砂器的历史本原，如何扎根西部，关注全国乃至全球市场瞬息万变的需求，实现有效传承，并保持创新的活力，是本研究试图关注的问题。

本书在荥经砂器的历史演变的历史研究基础上，对其材料与工艺的记忆属性进行了系统的梳理，并对荥经砂器这门工艺所处的文化生态变迁包括技艺传承、劳动与组织演变展开了全面陈述，与此同时，对其造型装饰与文化内涵进行了分类阐述，在上述研究的基础上，对荥经砂器的现代性传承方式进行了整理并提出了新的策略。因荥经砂器属小众产品，尽管市场份额不大，但针对它的独特审美及物质特性的消费需求依然存在。未来整个产业的发展则更应考虑进行将最新的信息和人工智能科技与传统民间工艺相结合的尝试，以期顺利实现数字化转型，以应对时代的新挑战。既有的传统手工艺研究较多关注工艺本身，但匠人群体也是研究的重点，甚至是未来研究的核心，下一步的相关研究及应用更应明确以"人"为中心，匠人的身份可以愈加多元，职业名片也更加多样，多重身份叠加在一个人身上。一个人既可以是手艺人，也可以同时兼任店主、老板、商人、网红、媒体人、学者……网络时代匠人的职业形态及工作模式也都发生了变化，"产业""品牌""经济效益"带来的影响很大。虽然本书关注的起点是荥经砂器，但相关参与者，即人自身的价值实现与发展也是本研究所关注的核心，力求实现透人见物的同时也透物见人。

目录

第一章

荥经砂器的历史演变

当下我国的制造业正逐步从粗放、散点式的发展模式转变为新的高质量发展阶段，未来以荥经砂器为代表的西南传统手工艺的新发展需明确不同类型匠人的人生旅程中的阶段性需求，并与产业相结合，适应新时代科技的发展。为此，要做好传统手工艺的创新性传承和创造性转化，务必做好对荥经砂器工艺的基础调研及历史研究，并加强对这一创作群体的深度关注，才可为后续的应用研究及实践创作打下基础。

第一节　荥经砂器研究的问题与现状

一、荥经砂器

与"传统手工艺"类似的概念还有工艺美术、民艺、传统民族民间手工艺、非物质文化遗产等，这些范围相异的概念之间存在一定交叉，但是在联合国教科文组织《保护非物质文化遗产公约》中，明确提出将"传统的手工艺技能"作为非物质文化遗产的一种类型，本书研究的"荥经砂器"作为一项传统手工艺技能入选国家非物质文化遗产名录。

综合徐艺乙的《中国历史文化中的传统手工艺》一文，和吴山的《中国工艺美术大辞典》以及《中国传统工艺振兴计划》等论著对传统工艺的定义，[1]本书理解的"传统手工艺"相对于现代手工艺而言，为人通过手对原材料进行一定的造型处理和艺术加工，具有深厚历史的技艺。手工艺是一种生产活动，是一个造物的过程。西周时期的"百工"奠定了中国手工艺的基本类型。在传统西南社会中，以荥经砂器为代表的手工艺不仅仅是人们的重要谋生手段，更是支撑社会各个群体生活生产的行业。手工艺的价值体现不仅在技艺部分，更加可贵的是其所依托和体现的文化价值，也就是由自然观念、伦理道德以及由此连接起来的社会

---

1 徐艺乙.中国历史文化中的传统手工艺 [J].江苏社会科学，2011（05）：223-228；吴山.中国工艺美术大辞典 [M].南京：江苏美术出版社，1989：2；中国传统工艺振兴计划（国办发〔2017〕25 号）[EB/OL].（2019-8-9）[2023-8-8].中华人民共和国中央人民政府.http://www.gov.cn/zhengce/content/2017-03/24/content5180388.htm.

关系。

中国在2004年正式加入联合国教科文组织《保护非物质文化遗产公约》（简称《公约》），并基本采用公约对非物质文化的定义和范畴。在《公约》和《文化遗产法》中的非物质文化遗产类型中，都已经明确将"传统手工艺"作为其中的一个类别。作为非物质文化遗产，传统手工艺是通过其产品集中体现所在地域的文化观的，并且具备活态传承、不断变化发展的特性。非物质文化遗产具有以下几个特点：民族性是其归属，非物质性是其特征，文化是其性质，遗产是其渊源，保护是其态度，最后通过名录的方式进行认同。综上所述，本书所研究的荣经砂器这一对象，属传统手工技艺类别，并不扩展为其他类型的非物质文化遗产。

荣经砂器是少数发展至今仍沿用完整的传统技艺来制作器物的手工艺。据考证，它的历史已有两千多年之久，其前身为夹砂陶。荣经砂器原名为"荣经砂锅"，主要发源地及生产地为四川省雅安市荣经县六合乡古城村，产品分为日用生活器皿（砂锅、砂罐）以及砂器工艺品。荣经砂器的制作技艺主要分为制泥工艺、成型工艺、装饰工艺、晾晒工艺、烧制工艺等，其中最为特殊的便是烧制工艺，它采用高温乐烧的方式烧制成型，这也是与其他民窑区别的地方。早年，四川美术学院教授马高骧提出了荣经砂器"精、坚、秀、亮"的美学特征。今天的传统手工艺依然具有强烈的地方性色彩，地方性的造物传统是处于"地域性"的基础之上的。因此，每个地方日常生活不同，从而造就了地方手工艺的独特性。荣经自新石器时代便有人类活动，上古时期称为若水，具有极为丰富的铜矿以及其他物产资源。其位置还处于古代南方丝绸之路的门户和必经之地，是一个多元文化的汇集地和交融地。荣经在2000多年前便有陶器、砂器的生产和制作，"夹砂陶"便是荣经砂器的前身。荣经砂器的制作运行有着典型的农业文明的特征，是相对而言较高效和完善的手工业生产模式。

但是，工业文明所产生的崭新的生产模式和价值观念，主导着当代社会的主流人群，早已解体的自然经济意味着手工业主导地位的丧失。改变了的生活，无法再赋予从事手工业的匠人生存的空间，荥经砂器的发展不得不令人担忧。在面对转型的过程中，笔者团队通过回顾历史及田野考察，深入调研了荥经砂器这一手工艺的原料、制作技艺、烧制技艺及其手工艺文化。同时也意识到传统手工艺在转型过程中所面临的危机，如砂器产量的变化、原料的采用以及工艺流程的半机械化、从业人员的减少、传统习俗的改变，又或者是文化生态的破坏，一些传统产品的减少乃至消失等危机问题。现代社会民俗与乡土的式微导致了传统手工艺成长的土壤日渐贫乏。传统的砂器技艺无法抗拒现代生活方式和新材料替代品的挑战与压力，日常生活中人们的需求减少，导致荥经砂器的生存空间逐渐缩减。

"手工艺"一词来源十分古老，从历史上看，大多是对生活实用品的制作。随着时间的推移和生产力的发展，人们的生产生活逐渐丰富多彩起来，与之同步的便是手工艺品类的增加和质量的逐渐提高。在此过程中，传统手工艺亦反映出了文化的深度。但随着大批量工业化生产对造物活动的介入，传统手工艺逐渐无法满足人们日益增长的物质和精神文化需求，因而逐渐没落萧条。2004年8月，我国正式加入联合国教科文组织的《保护非物质文化遗产公约》，公约中明确对其"保护"下了定义，指确保非物质文化遗产生命力的各种措施，包括这种遗产各个方面的确认、立档、研究、保存、保护、宣传、弘扬、传承（特别是通过正规和非正规教育）和振兴。因此，国家逐步推进对非物质文化遗产的保护和宣传。2006年，"荥经砂器烧制技艺"被四川省政府公布为非物质文化遗产，2008年成为第二批国家级非物质文化遗产。该名录的推出和非遗传承人保护工作的开展，无疑在促进荥经砂器手工艺的生长，使其重新回归到公众的视野。根据百度指数中关于手工艺的关注趋势显示，在今日"非遗"语境之中，人们开始持续对手工艺进行关注，并且保持上升趋势。但是，传统手工艺的危机并未解除，纯手工的劳作与机械化生产之间的矛盾、从业人员的老化和减少、工艺的简化和消失等问题依旧十分严峻。荣经砂器能够在源远流长的历史中持续不断承续下来的重要原因便是通过显性和隐性的双重手段进行技艺传递。然而，在当今由于时代潮流的快速发展，当地人们不再愿意从事该项技艺活动，而是外出务工，从事人员的急剧减少成了现在荣经砂器面临衰败的最主要因素。存在于我们日常生活中的传统手工艺具有自觉性和自主性，具有生命力和活力，我们又应当如何思考在当下这样复杂的语境中，传统手工艺的存续发展以及转型问题呢？

在现代化的进程中，传统手工艺逐渐无法适应当下文化，慢慢远离现实生活。但在近些年来，多方面的能量开始对手工艺再次聚焦起来，使得传统手工艺重新活跃于大众视野。他们开始寻求如何在保护传统手工艺文化根基的同时，又能满足现代人生活需求的可能性。

现今，国家不断加大对传统手工艺的支持，发布了诸多文件，如2014年的《工艺美术行业发展指导意见》、2017年的《关于推荐工业文化发展的指导意见》和《中国传统工艺振兴计划》等，其中包括了近年来的重要举措，如评选国家级、省级、市级、区级非物质文化遗产及非物质文化遗产传承人，举办"非遗进高校"的研习班，使设计介入非遗再设计，等等。这些政策的出台，毫无疑问地将从各个方面扩展传统手工艺的含义，以及今后的发展方向，并且能够行之有效地加强传统手工艺的理论建设和技术研究。

荣经砂器成为国家级非物质文化遗产后，促进了近年来大家对它的重新认识和了解。"非物质文化遗产"概念的加入，拓宽了传统手工艺的边界，使得其手工艺文化的非物质内涵也重新进入了人们的视野。而"文化创意产业"概念的加入，使得人们重新定义了荣经砂器的文化经济价值，当地政府开启了文旅的发展路线，试图在创新砂器器物的同时给予它更多生长空间和土壤，这触动了荣经砂器在这个过程中的活化和新生。这两个概念的加入，意味着当下对手工艺的研究从传统技艺的保护倾向为当代手工艺转型的思考。

荣经砂器历史悠久，其现存的规模在全国砂器行业内属较大，并且当地基本完整保留了传统坑烧的方式以及传统制陶方法。目前荣经砂器制作可分为三类，一类是日常生活传统炊煮用具，二类是现代黑砂工艺品，三类是茶具，这就意味着荣经本地根据自己的行业生产特点以及行业优势发展出了新的产品类型，打破了以前单一的产品特点，产品类型供应开始多元化起来，非常难得。在这样的背景下，本书试图去思考传统手工艺发展过程中的重要命题：荣经砂器在发展的过程中应该如何处理承续与转型的关系，它的发展路径是否可以给予我们一些价值经验？

二、国内外研究综述

纵观国内外学者对于民间手工艺研究的现状，横向与江苏宜兴紫砂工艺相比，国内对宜兴紫砂的研究愈来愈全面，尤其是在设计创新、文化产业经济、考古、无机化工等方面有着较为显著的研究成果。宜兴紫砂在设计创新中的研究现状：从明朝以来，宜兴紫砂能够流传至今，其根本原因离不开宜兴紫砂不断吸收新技术、新材料，实现创新发展。正如安丛在《18世纪英国陶工对宜兴紫砂的仿制与创新设计》一文中就以18世纪英国对宜兴紫砂的仿制与创新路径作为研究对象，并将当时英国陶工对于宜兴紫砂的引进、理解、模仿和挪用以及结合本地情况进行创新作为观察框架，探讨工业技术和消费文化的变迁对宜兴紫砂创新设计的影响。对这类规律的研究和理解，有助于刺激当今中国本土陶瓷制造业的发展。宜兴紫砂在文化产业经济中的研究现状：随着互联网的发展，宜兴紫砂的研究方向开始向文化创意产业转变。毛艳就在《科技护航，宜兴紫砂乘风远扬正当时》一文中，以卓易文化公司举办的"卓易甄选"品牌发布会活动为例，针对宜兴紫砂在互联网背景下如何实现创新发展的问题进行深入探讨。此外，吴高莉也在《电子商务背景下宜兴紫砂产业集群的培育与发展路径》中介绍了紫砂产业集群发展的现状，提出电子商务背景下宜兴紫砂产业发展的创新思路。宜兴紫砂作为典型的文化创意产业，如何走好走稳这条道路，还需深入且持久的探讨研究。宜兴紫砂在考古学中的研究现状：宜兴紫砂器制作始于明朝正德年间，500余年来不断有精品问世，为考古研究做出了卓越的贡献。杨俊艳在《透过馆藏谈宜兴紫砂杂器》中梳理和研究了除紫砂壶艺术以外的宜兴紫砂"杂器"，虽然数量不多，但品类丰富，蕴含着浓郁的地方特色和深厚的文化底蕴。在文物修护方面，樊文杰在《宜兴紫砂壶修复预案》中以馆藏紫砂壶残件为例，系统地总结了古陶瓷修复技术的种类、原则、过程以及方法，为紫砂类文物的专项修复提供了参考对象。宜兴紫砂在无机化工中的研究现状：国内对宜兴紫砂原料的研究并没有像对其工艺领域的研究那样丰富，但经过时间的积累，还是取得了一定的成就。例如袁启豪在《中国紫砂及名陶矿物原料显微结构特征分析》中采用多种现代分析测试技术，对比研究了以江苏宜兴紫砂陶为代表的四大名窑的矿物原料在化学组成、矿物组成、显微结构上的差异，以及造成这种差异的原因。深入研究每种陶矿材质的特性以及烧制变化，有助于让制壶匠人运用好每一种陶矿资源，从而更好地服务于紫砂行业。

　　总体而言，国内针对宜兴紫砂的研究已经日益成熟。在20

表 1-1　1988—2023 年相关主题的研究进展 / 篇

年份	荥经砂器	宜兴紫砂
1988 年	1	0
…	…	…
2012 年	0	230
2013 年	1	139
2014 年	1	159
2015 年	2	152
2016 年	3	127
2017 年	8	152
2018 年	4	106
2019 年	1	110
2020 年	1	149

（续表）

年份	荥经砂器	宜兴紫砂
2021 年	2	177
2022 年	1	98
2023 年	8	144
合 计	33	2395

注：搜索时间为 2023 年 10 月 21 日 15：00—16：00

表 1-2　1988—2023 年相关主题文献分类的研究进展／篇

文献来源	荥经砂器	宜兴紫砂
期刊	22	2049
博硕	11	55
总计	33	2104

注：搜索时间为 2023 年 10 月 21 日 15：00—16：00

世纪中期就开始有相关文献记载，并且涵盖了旅游、考古、美术、书法、雕塑与摄影、工业经济等多个领域。宜兴紫砂作为物质与精神文化载体，在未来的道路上加强对其创新发展研究，是塑造宜兴城市形象、传播中国传统文化以及保护传统技艺的重要途径。

通过以上对于宜兴紫砂日益成熟的研究成果的简要梳理，对比而言，荥经砂器略显小众，研究成果数量、面向范围、涉及学科及相关产业也相对弱势。本书将尝试系统梳理传统荥经砂器手工艺方面的主要研究成果，并结合自身对于荥经砂器传统手工艺这一研究问题的认识，尝试性地对现有研究结果做简单述评。整体而言，关于荥经砂器手工艺的研究，大致可划分为以下几个类别：一则以个案研究为主，以某一个地区或是某一种手工艺为例，详细地记述其历史发展、工艺流程，以及功能用途等内容；二则从多学科的角度出发，探索中国传统手工艺的现代变迁，指出现象及其原因；三则主要提出传统手工艺的现代发展路径，强调的是传统手工艺的保护策略；四则探讨纯粹的手工艺相关理论架构，试图总结其价值与意义；五则进行跨学科的研究结合，将人类学和社会学或传播学的理论应用于研究中，去探讨传统手工艺的相关问题。

在手工艺的社会需求上，国内如陈岸瑛等学者在以上若干角度做出了相对丰富且深入系统的研究，除了构建了相对完整的体系之外，还从更深的社会变化及需求等诸多视角，如经济社会转型，高铁带来的更大范围的便捷交通这些近期变化，讨论了传统与现代的关系，传统工艺的当代价值，艺术化与产业化、商业化的关系，非遗保护中守旧革新的关系，政府赋能，以及如何振兴传统工艺、目标和标准、评价体系等诸多问题。

基于整个手工艺研究的背景，荣经砂器的现有研究略显不足和浅显，基本仍是以个案研究为主，强调其工艺特征及发展策略，并无更多深层次的系统研究，也较少出现跨学科的研究视角。在关于"荣经砂器"这一研究主题上，截至目前在知网上搜索到的文献资料共计百篇，其中类别最多的为报刊文献，将近60篇，多以旅游宣传为主；而真正以"荣经砂器"作为研究对象的论文仅有20余篇，数量偏少。期刊论文中，最早对荣经砂器进行研究是马高骧的《闪光的黑砂器——谈四川荣经砂器新貌》一文，对荣经砂器进行了美学特征探讨，最早提出了"精、坚、秀、亮"的特征；另如徐平《雅安荣经砂器之炊煮器的工艺特征探析》、周兰《荣经县非物质文化遗产保护问题与对策》、苟锐《荣经砂器器型探微与演进思考》、何毅华《一种现代意义的乐烧形式——雅安荣经砂器的烧制技艺》《浅析雅安荣经砂器的工艺特征——一种集"天时、地气、材美、工巧"的砂器艺术》、白晓宇《创新是最好的传承——如何保护和传承四川雅安荣经砂器》等文，都是从某一角度出发，或工艺特征，或器型特征，或烧制特征，或发展策略来进行探讨，也是由于仅对某一内容进行描述，所以内容会更加详细清晰。

徐平分析了荣经砂器炊煮用具的工艺特征，分为四部分：一为材料制备，二为坯体成型，三为生坯煅烧，四为烧成取釉。苟锐具体说明了荣经砂器可划分为砂锅及砂罐两大类别，并详细说明了其特征及形制演变，最后提出影响荣经砂器器型的因素包括材料、工艺、饮食方式及烹煮对象。白晓宇提出了荥经砂器的传承离不开创新，包括形态的创新、功能的创新以及培养具有良好审美的传承人。

在这些论文中均强调了荥经砂器的技艺的重要性以及独特性，其次再进行美学和发展上的研究。2005年至2018年，硕博士论文中以荥经砂器作为研究对象并且着墨较多的有6篇。2012年四川美术学院曹悦《运用设计探索社会创新的新思路——以改良雅安震区传统手工艺为例》一文中主要以设计的思维来研究荥经砂器的再设计，并且强调了设计在探索社会创新时的作用。其主要描述了荥经砂器的制作材料及制作工艺、历史，然后再在这个基础之上进行工艺产业分析，重新运用创新思维进行二次创作，最后提出发展策略。此文的重点是如何利用社会创新的概念进行二次创作的过程，但是对于荥经砂器的客观事实描述尚可进一步深入。2016年贵州师范大学王鹏撰写的《四川荥经砂器研究》一文则更加注重荥经砂器手工艺这一客观事实的描述，是一篇系统性的研究。他从烧制工艺、艺术价值、传承保护与发展角度进行简单描述，但仅限于单一角度，并未涉及更为深入的人的行为和周围环境的思考描述。2018年四川师范大学赵杰《荥经砂器茶具产品设计研究》、2018年沈阳理工大学李莉《四川雅安黑砂陶研究与实践》、2017年湖南大学陈橙《基于雅安地域文化的黑砂创新产品设计》、2018年湖南大学于伟光《“荥经印象”系列黑砂茶具设计》等硕士论文均是在对荥经砂器的历史、材料、技艺流程等的研究上，再进行设计创作。这几篇论文中《四川雅安黑砂陶研究与实践》对于手工艺的描述更为详细具体，且图文丰富，重点描述了自己的创作过程，或是对材料的运用进行创新，或是对砂器的用途进行改良，或是在原有的黑砂产品上进行创新，或是提出相关品牌及商业模式推广的概念，这些论文在一定程度上揭示了荥经砂器的社会背景、发展历程、工艺特点以及再次创新的可能性，但都忽略了手艺人的组织活动，以及手艺人与技艺本体、周遭环境的关系连接，这在本书中都会有所体现和说明，以此填补研究的空缺。

2019年至2020年，有4篇硕士学位论文在前贤研究的基础上对荣经砂器做了进一步深入探研。2019年四川美术学院何海南的《四川荣经砂器的承续与转型研究》、2020年四川师范大学李豇乐的《荣经砂器"雅烧"品牌形象研究与优化设计实践》、四川美术学院王旭东的《银砂熠熠：荣经砂器色彩肌理探索》、四川美术学院白玥的《荣经砂器在地设计途径研究》，结合既有研究，以图像资料为辅，佐以若干调研及近年产业升级等侧面角度进行讨论，分别从综合研究、品牌经营、色彩肌理、在地设计的途径等角度进行研究。王颖、张思涵、傅国庆、黄一秦的《土与火的艺术：荣经砂器工艺探究》，高杨、李玉莲、韩刚的《浅析荣经砂器的形成、类别及其主要特征》，何海南的《论四川雅安荣经砂器手工艺文化模式》，韦小英与王崇东的《荣经砂器造物适宜性研究》对适宜性进行了讨论。胡海玲的《传统文化背景下的荣经黑砂器在现代生活中的创新设计》一文则围绕荣经砂器如何适应工业化生产，提出了增加新的产品类别的观点，如设计墙面装饰、雕塑，其他作品有灯具、扩音器、果盘等。

在以上现有的文献资料中可以发现，荣经砂器的研究多以个案研究为主，详细地记述其历史发展、工艺流程，以及用途功能等内容。从这些文献资料中，也可得知荣经砂器仍面临如何发展和传承、如何破解区域劣势、如何面对西部人口外流等问题。荣经砂器在国外少有学者研究，曾有美国雕塑家查乐斯等人来到荣经进行艺术创作，并在国外进行展览，产生了一定效应。2017年Chandra L等人在 *Materials Issues in Art and Archaeology XI* 中发表了论文 *Research into Coal-clay Composite Ceramics of Sichuan Province ,China*，此文是为数不多的国外研究人员对荣经砂器的详细研究，全文系统性地描述了荣经砂器现存的状况、泥料性质、烧成技艺、装饰技艺等，并与相邻县的制陶技艺进行对比研究。因此，此文可以作为本课题的研究基础，提升本研究对荣经砂器现有状况的了解程度。目前学术界有关荣经砂器手工艺的研究多集中于对制作技艺、二次创作以及发展策略的研究，但由于大多数的作者属于设计专业，所以在论文的构成中侧重于介绍自己如何利用材料或工艺重新进行新的创作，少见于有将荣经砂器作为有机体的一部分，去探索周边部分与它的关系的文章出现，更加少见于描述关于其生产组织、经营模式、产业群体，以及售卖方式的内容。

故本书将站在一个整体观念的视角下，对荣经砂器手工艺发展的历史因素、技艺因素、行为因素进行描述分析，探讨传承与创新的关系，以此完善目前荣经砂器的基础研究。虽然关于荣经砂器完整性全面性的论著不多，但笔者认为恰恰是这样才有更多的研究空间和保护意义。

第二节　荣经砂器历史概述

传统手工艺产生于原始社会时期，繁荣于农业社会，正面临工业化及信息革命带来的危机。今天试图理解剖析手工艺在当下的存续与变迁时，就必须去追溯它在过往存在的状态与过程。

陶器产生于2万—1.9万年之间，以江西万年仙人洞陶器为例，它的出现在人类发展史中有着无可比拟的价值。[1]陶器的发明说法之一是由于偶然发现经过大火烧制后的泥土会变得坚硬结实，在这个过程中改变了泥土原材料的化学和物理性质，于是启发了人们，将泥土的可塑性与经火烧结后的坚实性结合起来，遂制成了陶。当人们掌握了火与泥的规律并加以应用，定居下来发展农业生产时，为了保护和搬运食物或蒸煮食物等用途，提高人类的食品卫生条件，改善生活质量，降低人类的死亡率，需要大量的容器，所以便开始使用陶器，同时，定居的生活也为制陶手工业提供了有利条件。此后，人们还逐步将陶器的用途从生活器皿扩大到装饰审美上。直至今日，大众的生活中仍然有大量陶器。

---

1 吴小红等 . 江西仙人洞遗址两万年前陶器的年代研究 [J]. 南方文物，2012（03）.

荥经砂器是至今四川人生活中仍会使用的陶器，但是它的发展依旧不可避免地受到了工业化、现代化乃至信息智能科技的冲击，新的生活方式、新材料的发展以及不断涌现的新审美和新产品也将古老的荥经砂器置于困境。所以在这样严峻的情况下，厘清荥经砂器的发展历史，以时间线索来梳理整个发展脉络是十分必要的。作为现实生活的产物，它承载了历史与未来，由此也暗示着现实空间中技艺的时间概念的流动性和未来的可能性。

一、初始期与发展期：形成自产自需的家庭作坊（清至民国）

历史上，荥经县六合乡生产砂器历史悠久。据1982年当地秦汉古墓考古研究表明，早在2000多年前已有夹砂陶的生产。春秋战国时期，荥经巴蜀墓葬中的陶器类型有作为炊具的釜，饮食器的碗、豆、杯，盛具的罐、壶、钵、盘等。陶器材质以夹砂陶为多，泥质陶为少。现今荥经砂器的制作原料、制作方法、造型风格多由此承袭而来。有专家学者认为荥经砂器于春秋战国时期开始初期烧制，秦汉时期开始成型烧制。[1]

在当地，荥经砂器的生产颇具传奇色彩。传说在从前，朝廷有个官员经过荥经古城坪，由于路况难行，一行人口干舌燥，于是就在此地停下休息并寻找水喝。当时并没有找到烧开水的器物，于是有一人随手拿来泥巴做成窝状，里面盛满水，放在杉丫火堆上烧。待水开后，大官一喝，十分惊叹从来没有喝过这么好喝的水。于是当地的人们开始使用泥巴烧制成各式器具家什。此后荥经砂器通过很多先人的运用和改进，流传下来。[2]《荥经县志》中曾记载，清乾隆、嘉庆年间，当地有一王姓人家会制作砂器，之后有代坤山、曾跃等人向其学艺。由此可知，最初荥经砂器的生产组织形式为小农户家庭手工业生产，规模较小，产品种

1 赵殿增，陈显双 . 四川荥经水井坎沟岩墓 [J]. 文物，1985（05）：23-28；赵殿增等 . 四川荥经曾家沟战国墓群第一、二次发掘 [J]. 考古，1984（12）：1072-1156；李晓鸥，巴家云，雷雨 . 四川荥经同心村巴蜀墓发掘简报 [J]. 考古，1988（01）：49-102；黄家祥等 . 四川荥经县高山庙西汉墓群 M5 发掘简报 [J]. 四川文物，2017（06）：5-97；李炳中 . 四川荥经县同心村巴蜀墓的清理 [J]. 考古，1996（07）：41-98；四川荥经南罗坝村战国墓 [J]. 考古学报，1994（03）：381-396.

2 非物质文化遗产 [EB/OL].（2015-12-28）[2019-1-5].https://baike.baidu.com/item/ 非物质文化遗产 /271489.

类不多，通常只需满足家庭生活需求。民国时期，当地已逐渐发展有窑口13座，工艺技术也不断成熟。当时的砂器种类已由单纯的砂锅、砂罐发展为水缸、甑饭砂锅、坦砂锅、药罐、砂炉等。还曾参加四川省政府的评比，获得了三枚奖牌。在初始期和发展期中，荣经砂器的生产已经由自产自需的小家庭作坊转为技艺改良的家庭作坊，从简单的砂锅式样转变为多类型的生活用品。其生产工艺仍处于初级阶段，"原为牛拉石碾，碾细黏土，人力踩拌料泥，足蹬地车、手捏泥团制坯成型，人拉风箱，土坑烧制，树杈去釉"[1]。由此可见，荣经砂器早期仍是小规模小范围生产的，并且单纯依靠人力和畜力运行。在这一阶段中，荣经砂器主要针对当地人的生活习惯和消费取向，所以"实用"成了砂器最主要的功能价值，审美取向质朴，价格低廉，能够被大众所接受和流行。

二、鼎盛期：国有企业与个体私营的双管齐下（20 世纪 70 至 80 年代）

中华人民共和国成立之后，整个社会处于较为稳定的状态，需要发展经济，国家大力发展工艺美术。邱春林谈及："手工艺这一领域在新中国成立之后曾经是显学，因为当时国家需要依靠它来换取外汇，发展国家经济。"[2]所以在20世纪50年代以来，荣经砂器随着政府的政策走向，在良好的市场环境下开始了更好的生产发展，直到70年代迎来了鼎盛时期。在荣经政府网站上曾记录了荣经砂器发展达到顶峰时的表现："荣经砂器在改革开放时期有过一段辉煌的发展史，彼时全县拥有国营企业1家，个体企业300余家，鼎盛时达4000余人，年销售额约5000万元。"[3]可见，当时砂器产业处于一种国有企业和个体私营并存的蓬勃发展的

1 四川省荣经县地方志编纂委员会编.荣经县志 [M].重庆：西南师范大学出版社，1998：638；李坚，刘波编著.美国哈佛大学哈佛燕京图书馆藏善本方志书志 [M].北京：国家图书馆出版社，2015：680—681.

2 廖明君，邱春林.中国传统手工艺的现代变迁——邱春林博士访谈录 [J].民族艺术，2010（2）：17.

3 荣经县砂器情况介绍 [EB/OL].（2016-8-3）[2019-8-9].http://www.yingjing.gov.cn/govopen/openInfo.cdcb.id=20160727105531-035104-00-00.

状态。

1949年以后，由于政府政策的推动，荣经手工艺人所经营的手工作坊逐步走向了相互合作的道路。1950年，六合乡古城大队一社、三社两个生产队的砂器手艺人建立了砂器厂，属队办企业，统一经营。直到1956年人民公社建立，制作砂锅的手艺开始被带进生产队。荣经县六合公社古城村的每个生产队都有烧砂锅的社办企业，砂锅制作进入到集体制作和对外销售的阶段，其所得加入社里参加分配。1958年4月，当地人民政府决定成立全民所有制的"荣经县地方国营砂器厂"，将古城村中制作砂锅出名的20个家庭作坊组织起来，其中有生产工人23人。至此，开启了荣经砂器半工业化生产方式，手工作坊式的生产形式被国营砂器厂所取代。1962年，该厂被调整为所有制企业，改名为砂锅生产合作社。1949年后，荣经砂器的产品类型不断增加，"主要有节煤炉、蜂窝煤炉、火锅、茶具茶壶、电炉盘、各式花盆等40多个品种，100余个规格。"[1]由于当时人们生活水平的提高，砂器不再是式样简单的砂锅和砂罐了，而是满足当地人更多生活需求的日用器皿。

70年代后，当地开始技术的"半工业化"改良，在《荣经县志》中有这样一段记录："如电动破碎机、粉碎机备料、和泥机搅拌、电碾、电动筛等，土坑取釉改为转盘箱敷釉，双孔直焰推板窑替换平地土坑老式窑。并以精工雕饰花鸟造型，呈现于产品明显部位。"所以当时工艺的发展是逐步使用电机以取代人力、畜力，并且引用在技艺上再次进行了改良以适应工业生产。1979年，当地砂器手艺人曾宪华首先创办了私营企业"曾宪华砂器厂"，成为当地第一家私人砂器厂，开启了个体私营的先河。1981年，荣经县砂器生产合作社改名为荣经县工艺砂器厂，并注册有"古城牌"的商标，从此大家将"荣经砂锅"改称为"荣

1 四川省荣经县地方志编纂委员会编.荣经县志[M].重庆：西南师范大学出版社，1998：638；李坚，刘波编著.美国哈佛大学哈佛燕京图书馆藏善本方志书志[M].北京：国家图书馆出版社，2015：680-681.

经砂器"。1983年，古城村已有9家砂器厂，个体私营企业不断发展；到1984年，当地砂器厂有21家，后多发展成为公司企业；1998年时，古城村已有上百家大小不一的砂器厂。当地的档案资料曾记载了当时的县政府对于砂器发展的批案，在《一九八〇至一九八一年生产计划（草案）》中明确提出："对重点行业和重点产品的要求：工艺美术：全年8.6万元，比七九年实际增长142.94%，重点抓好荣经砂锅等。"这也意味着在当时，荣经砂器是十分受到政府重视的，并且作为重点发展的对象。80年代初，伴随旅游业的发展需求，荣经砂器开始走向更为广阔的道路，先后参加了国内外的展览，并大获好评。如1981年参加美国费城工艺美术产品展览；1983年在四川省二轻系统工艺品、旅游品评选中获优质奖；1984年参加四川省内销工艺品、旅游品评比，获省计经委颁发的金质奖；1985年，荣经砂器运往澳门试销，并在广交会上展出，有日本商人提出订货需求。

通过对这一历史进程的梳理，荣经砂器从中华人民共和国成立后的稳步发展迈向20世纪七八十年代的繁荣时期，是由于当时的集体化管理以及生产模式，使得荣经砂器的生产和销售达到历史最高水平，成为当地重点产业。后又由于个人私企的出现，当地开始有了品牌竞争的意识，促进了工艺的发展和优良化。

三、停滞期：国有企业改革的冲击（20 世纪 90 年代）

进入20世纪90年代初，在国有企业改革的历史潮流中，荣经砂器走向了停滞期。这种情况产生的原因是"当时国家的工业体系已经建立，手工艺的历史使命完结，整个行业被拆大化小、变公为私。国营或者集体企业以及各级研究所基本上解体了，解体过后国家完全放任个体手工业者到市场中去自学游泳。"[1]所以顺应政策，荣经县国营砂器厂跟随着时代的步伐解体倒闭，荣经砂器又恢复到了最初的家庭手工劳作的形式，手艺人以家庭为单位，自己单独生产。

---

1 廖明君，邱春林．中国传统手工艺的现代变迁——邱春林博士访谈录 [J]．民族艺术，2010（2）：17．

但又由于市场竞争激烈，砂器生产规模较小、创新不足，导致产品结构单一，市场一度变得非常萧条，致使大量当地的砂器企业倒闭，仅剩几家勉强维持。而到了90年代中后期，其他更为廉价方便的日用品出现，进一步冲击了荥经砂器的发展。砂器市场持续萎缩，从业人员减少到不足两百人，年销售额更是萎缩到1000万元左右。

四、复苏期：手工艺转型期的多元化发展（2000年至今）

直到20世纪90年代末期至21世纪初期，当地政府开始重新认识砂器产业，并再次进行工艺传承和市场推广，不断提升荥经砂器的综合形象。2006年，"荥经砂器烧制技艺"被四川省政府公布为非物质文化遗产；2008年，成为第二批国家级非物质文化遗产。名录的推出和非遗传承人保护工作的开展，毫无疑问地在推动传统荥经砂器传统手工艺方面发挥了作用，使其重新回归到公众的视野。2015年后，荥经砂器企业有36家：古城村一组7家，古城村二组5家，古城村三组6家，古城村四组14家，古城外4家。其中较为突出的有：曾庆红创办的"曾氏庆红砂器有限责任公司"，叶江创办的"荥经古城叶江砂器有限责任公司"，朱庆平创办的"朱氏砂器有限责任公司"，四川省庄王黑砂股份有限公司，叶骁创办的"荥窑国际黑砂发展促进会"，以及林萍创立的"荥经林氏黑砂文化发展有限公司"等。这些砂器企业各有不同的特点和理念，开创了当地多样化的生产格局。直到2019年，荥经当地的砂器作坊发展到50余家，数百人从事砂器的制作与生产。在政府的扶持和当地手艺人的坚持努力下，当地建立了黑砂文化博览苑，并且成立了黑砂非遗传习所、108黑砂艺术村、黑砂馆等公共设施建筑。荥经县人民政府官网上发布了近年来荥经砂器产业发展的思路："在荥经砂器文化产业发展中，按照以荥经生态为基础，荥经砂器文化为灵魂，以发展黑砂文化旅游业为主导，以灾后重建产业项目荥经县黑砂（荥经砂器）文化博览苑建设为基础和突破，加强政府规划制定、基础建设和项目服务，引导和发挥好企业的市场主体作用，打造吃、住、行、游、购、娱为一体的文化、旅游服务园区，统筹推进荣经砂器文化和旅游产业融合发展。"[1]由此可见，当地的产业结构也在逐渐发生改变。

在此期间，荣经砂器迈向了手工艺转型期的多元化发展。从历史趋势来看，荣经砂器已经从生活用具转型成为手工艺术品，它其中所蕴含的文化信息及价值已远远超过砂锅作为生活用品的范围，开始有了美学的意义。在2017年末至2023年，笔者团队多次进入荣经进行田野考察，发现现今荣经砂器在非物质文化遗产的背景下，走向了多元化的发展，打破了单一的边界，但还是难以抵挡现代化的潮流，发展较为艰难。总结来说，在复苏期间，也就是在市场经济高度发达的现代社会背景下，荣经砂器受到了市场经济的冲击，将要面对更加艰难的挑战，如何在当下获得市场的认可和更好地传承文化遗产成为核心问题。

第三节　荣经砂器的历史价值

荣经砂器多阶段的发展历程为其工艺存续提供了历史基础和价值。这一章节重点阐释了荣经砂器的发展演变，采用大量调阅文史档案资料的方法做深层的研究，并将四个阶段的历史进行了较为清晰的梳理，加以总结，突破了以往研究简单的历史描述。荣经砂器是农业社会中当地人民真实生活和生产的写照，累积着长期以来当地手工艺漫长发展的历史集体记忆，并深刻地反映出每个历史阶段的艺术审美趋势和生产力状况。荣经砂器被打上了当地的文化历史烙印，其历史价值主要体现在悠久性、知名性、辐射性以及延续性四个方面上。

一、悠久性

悠久性一般是指对一定历史时期所形成的产物进行纵向性时间的考察与判断。一个地方的文化遗产形成时间越早，它的纵向时间性就越长，悠久性就越高，其所承载的历史人文内容就越深刻，文化内涵也就越丰富。荣经砂器的历史，最早可追溯到2000

---

1 荣经砂器产业的发展状况 [EB/OL]. (2016-8-3) [2019-8-9]. http://www.yingjing.gov.cn/gongkai/show/20160803100334-035411-00-000.html.

多年前的秦汉墓葬文物中夹砂陶的产生，历经了春秋战国时期的萌芽，秦汉时期的定型，明清时期的初始期，民国时期的发展，20世纪70至80年代的鼎盛，90年代的停滞，21世纪的复苏延续。可见荣经砂器的悠久性，以其功能性、审美性及技术水平折射出不同阶段的历史文化，是应被珍惜的活化历史。

二、知名性

在中华人民共和国成立后，荣经砂器正式地走出了当地，突破了空间局限性，逐渐被更多的人所知，在国内外的知名度迅速得到提高。荣经砂器的知名度一方面体现在社会、媒体、机构的关注上，20世纪30年代，孙明经走访西康茶马古道，成为第一个使用相机记录荣经砂器的人；60年代，峨眉山电影制片厂以"荣经砂器"作为拍摄对象，进行了纪录片的录制；80年代，雅安电视台拍摄了以砂器作为题材的《黑砂》专题片；90年代，《西南航空》杂志对荣经砂器进行宣传报道；21世纪，以中央电视台为代表的媒体多次挖掘报道荣经砂器新面貌。荣经砂器的知名度另一方面体现出当地不断突破自我，积极走出国门。早在20世纪50年代，荣经砂器就在美国费城参加展出；80年代销往澳门，并得到日本经销商的订单。除此之外，荣经砂器开始走向市场化，多次参与国内的展销会和比赛，均获得较高的认可。当地手艺人能够将荣经砂器与现代人们的生活需求进行创新结合，以提升其知名度和美誉度。

三、辐射性

从历史价值的角度去看待荣经砂器的辐射性，可以从荣经砂器的广度、深度、力度三个方面去体现。广度指的是荣经砂器吸引公众关注的数量和程度，数量越多，程度越深；深度体现为大众对于荣经砂器的文化内涵的认知程度，接触时间越长，影响越大；力度体现为大众对于荣经砂器的喜爱程度和使用程度，程度越高，其影响越大。2008年，成为国家级非物质文化遗产的荣经砂器，开始走出本地，吸引全国乃至全世界大众的注意力，不再仅仅局限于本地或是西南片区。直到2012年，荣经砂器的产值达近1000万元。2013年，当地的年产量约400万件，年产值达到3000万元，并且形成了砂器一条街、文化示范园区等代表群落。2016年，当地从业人员600余人，年销售产品200万件以上，年销售额达到亿元以上。[1] 当地政府将砂器作为礼物送给了国家女排，视为国礼，受到了女排运动员们的喜爱，足见其影响力。

四、延续性

荣经砂器手工艺属于文化遗产，具备物质遗产和非物质文化遗产的双重属性。但其属性中的活态文化，是动态和流变的。荣经砂器虽然跟随时代产生了一定的变化，但是在当地手艺人的坚持和保护下，其材质、色彩根本性元素并未发生根本上的异质化改变，相反一直保持了其文化根性。在这里，创新并不意味着丢弃和变异，而是意味着在不改变其传统核心的基础上对砂器进行发展，以保证在当代乃至于未来都可以鲜活地将传统的文化之根传承下来。

---

1 荣经砂器产业的发展状况 [EB/OL].（2016-8-3）[2018-9-3].http://www.yingjing.gov.cn/gongkai/show/20160803100334-035411-00-000.html.

第二章

荥经砂器的用具分类与工艺流程

手工艺以人类手工制作为主要特点，并承载传统农耕社会的社会生产活动，与生活、生产紧密相连，不断丰富发展，承载着人与自然之间的关系，以及人与人之间的关联。中国先秦造物古籍《考工记》中记载了"天有时，地有气，材有美，工有巧，合此四者然后可以为良也"的系统性造物观。[1] "天时地气"就"材美"而言，良器若仅材美并不完整，还需具备"工巧"的特质。"工巧"通常表现在两个关键方面：一为技艺的巧妙，二为工序、工具的复杂精巧。日本民艺思想家柳宗悦认为手工技艺并非由单纯的技术要素所构成，还包括了目的、材料、工具、技法与技能、劳动形态、传统六个不同层面的复杂结构。"工艺之成立取决于制作、作者和作品。在这里，器物必须是人与物相结合的产物。产生工艺的先决条件是用途，怎样使用是目的；其次，是用什么来制作，即应该采用什么材料；第三，从材料到制作器物，是用工具来完成的，精巧的工具再发展一步就是机械；第四，需要技法与技能，由此可以产生出巧拙之差别；第五，是劳动，特别是劳动的形态，即需要组织；第六，是传统，民族的睿智均藏于此。"[2] 诚如，手工技艺在诸多限制因素之下，能通过人的巧手巧思得以实现功能与艺术表达，离不开材料和工艺技艺之本体。详细而言，本章将从生产设施工具系统、材料、核心技艺及规范等认识来证明"良器"荥经砂器之材美工巧。多角度呈现了手艺人的主要经验，规范了主体的活动，也塑造了人们的文化和审美价值。整体而言，荥经砂器的技艺手段在生产上并未发生太大的变化，当地依旧使用传统的制作及烧制工艺，保持了独有的地方性的文化根性。在如此背景之下，其技术价值并未发生质变，这与其他现存民窑不同，也是值得关注和思考的关键点。

---

1 闻人军.考工记译注 [M].上海：上海古籍出版社，2008：4.

2 ［日］柳宗悦.工艺文化 [M].徐艺乙译.桂林：广西师范大学出版社，2011：89.

第一节　生产设施及工具系统

《论语·卫灵公》篇"工欲善其事，必先利其器。"[1]自古以来器具的不断发明及更新，使人类在劳动中萌发文明，迈向进步。多数手工艺人在学习之初均是从对工具的认识起步，在技艺的实施过程中利用工具来平衡或消化材料以及工艺技术上的不确定性，将其转变为工具的特殊用途。柳宗悦提出过手在工艺之中意味着"造化之妙"，而"手"又制作出了工具，成为"手"的延续。当技术成熟之时，人与工具的配合将得心应手，因此只要保持人操作的水准，工具无须有太大的改动和变革。在荣经砂器制作中的主要设施和工具，大致具备以下三个特点。

系统性和完整性。砂器的制作技艺虽不及景德镇制瓷技艺管理系统受官方督办那般严格和复杂，但仍在每个环节中体现着它的成熟度。制作砂器的工具设计并不复杂，但每个环节的配合和使用上呈现了流畅性，能够非常完整和系统地进行运作，并以此规范各项制作环节。

可改良性和灵活性。大多数制作荣经砂器的工具在其基本样范不变的基础上，手艺人可以根据自己的喜爱与习惯进行灵活改良，甚至一物多用。工匠会根据个人手的尺寸来进行常用工具长短的调整，抑或是对常用物的材质进行设计，或用竹木，或用塑料。有些手艺人甚至会自行设计出特殊的工具，如不同形状的竹签和形板。

因地制宜性和通用性。当地手艺人通常使用身边随处可及的本地材料进行工具的制作和改良，且巧妙地遵循自然法则，取之有度，取之有道。例如，他们使用的"水笔"通常是用真发来制作的，充分发挥了头发韧性的属性，制作简易。制作砂器的工具虽颇多，但其通用性较强，每户使用的工具大致相同，无太大变化。

一、辘轳车

"车子"（图2-1）的构造可分为上中下三部分，最下面的

图2-1　辘轳车　25×25×35厘米
图片来源：李珍瑶　绘

1 杨伯峻译注.论语译注[M].北京：中华书局.2004：161.

图2-2 木板拍子 20×13×2厘米
图片来源：李珍瑶 绘

图2-3 各式水笔 15×1.5×1.5厘米不等
图片来源：李珍瑶 绘

图2-4 形板及竹签子 16×0.5×0.5厘米不等
图片来源：李珍瑶 绘

一层是用石头制作的圆形转盘，可用脚踩推动；中间一层是将稻草捆绑固定成圆环状，当地称之为"草箍"，其作用在于稳定重心；最上面一层是一个圆柱形的石墩子，可调节高低。

二、木板拍子

制作坯体时常常使用的一种工具，它用于泥片覆盖在模具上制作砂锅坯身时的拍打。拍子（图2-2）用木材制作而成，由拍子面和手柄组成，手掌及手指用力度是拍平面与角度的关键。拍子的规格主要根据所做产品的大小及材料的不同而定，虽拍子面有大小，但拍子柄的长度形状变化不大。木板拍子功能较全，既可用于成型，又可用于抹平坯体表面，使其光滑平整，因此大多数木板拍子用于抹平的一面都有不同程度的磨损。

三、各式水笔

水笔（图2-3）是用于在坯体表面加水的工具，其形状类似于大型毛笔，上端是瘦长形的木棍，下端则是用人的头发捆绑在木棍上而成。水笔是当地师傅自己制作的工具，其式样会因为师傅的个人习惯的不同而有所不一。近年来有些工匠会使用女性化妆刷来进行创作，足见其选择工具的灵活性及时效性。

四、形板及竹签子

此类工具被年纪稍长的本地制坯师傅使用，但流行于年轻的在外学习过的制坯手艺人中，年轻手艺人受到了外来文化的影响。竹片、木片、竹签子是拉坯和修坯的工具（图2-4），不同的形制对应不同的部位，有着不同的作用。

图2-5　印坯模具　16×6×4厘米不等
图片来源：李珍瑶　绘

图2-6　竹帽和麻布衣　45×45×25厘米不等
图片来源：李珍瑶　绘

图2-8　竹筐　45×40×18厘米
图片来源：李珍瑶　绘

图2-7　手套及袖套
16×13×2厘米，30×13×12厘米不等
图片来源：李珍瑶　绘

五、印坯模具

印坯模具（图2-5）主要用于装饰，荥经当地的装饰纹样不多，主要还是植物纹样和龙纹样的模具。印坯是将模具印覆在半干燥的坯体表面上，然后均匀按拍坯体外壁，最后脱模取出。

六、麻布衣及竹帽

麻布衣和竹帽（图2-6）是师傅们在高温烧窑操作时唯一的防护措施。麻布衣是使用麻布或废弃衣物制作成的类似于围兜一样的物件，作用是防止高温时烟灰飞洒在身上，烫伤自己的保护罩。在窑室捡砂器时，通常侧身去面向窑口。师傅往往将其斜穿在身上，竹帽的形制与其他斗笠帽并无太大的差别，但是其内部的小口圈安放在了帽子的最边上，这样能够使师傅在戴帽子时更大面积最大限度地遮盖住高温的烟灰渣，以此防止其飘洒在脸上。

七、手套及袖套

手套和袖套（图2-7）是人们日常生活中最为常见的物品，手艺人们常常在烧制的环节进行穿戴，以此阻隔高温，避免烫伤身体和衣物，起到保护作用。

八、竹筐

竹筐（图2-8）是一种盛装物体的竹器物，直径大约为70厘米，当地人日常生活中的常用品。在砂器的烧制过程中，烧窑师傅常常使用竹筐来装煤炭以及木屑，便捷方便，也利于均匀地倾倒。

图2-9 铁制金属工具
120×2×2厘米，120×20×4厘米
图片来源：李珍瑶 绘

九、铁制金属工具

荥经砂器在制作和烧制的过程中有着各式不一的铁质工具，在制坯时常常使用"篾刀"（此为当地人的俗称），即小铲刀，用于截取适量的泥料以及割断多余的泥料。在烧制过程中会使用锄头、钩子（图2-9）等工具，锄头的形状是平展的底面，用来压平煤灰渣以及挖刨煤灰和木屑；钩子则是用来捡出坯体的，它的长度有一两米，因此人处于较远的距离亦可以捡出砂器，避免高温烫伤。

第二节　材料

传统手工艺的不断发展，基于人类在实践过程中对材料属性和规律的逐步掌握。对材料的进一步认识也说明了人类对自然事物有了更系统和更深入的认知。柳宗悦在谈工艺之道时强调"材料"的重要性。材料是手工艺制作能够得以实现的物质载体，任何关于人造物的制作都离不开其原材料的支撑，是原材料由人类按照相应的结构形式组合起来。为呈现特定的造型及功能，须合理选材，使材料物尽其用。荥经砂器的制作尤重视原材料，各种泥土配比将影响成型的好坏，不同的煤炭比例及烧制时间均会影响成品的成功率。材料的不同属性往往决定了手工艺不同的技术体系。在荥经砂器制作过程中，其原料可分为两个部分：一是坯体制作过程中所需要的原料——白善泥和煤灰渣；二是烧制过程中所需要的原料——松木锯屑与无烟煤。在古城村中，制作砂器的原材料颇为丰富，可为其承续发展提供必备的物质原料基础。荥经砂器的制作材料有如下两个特点：来自自然，取之有道；天然环保，循环利用。丰富的自然资源是荥经砂器可持续发展的重要前提，也因为依赖自然环境，所以材料能发挥其最大用处，尽可能地延长使用时间。长此以往，手艺人在制作时所秉持的生态伦理，亦成为当地居民生活中的行为准则和规范。

一、白善泥

荥经砂器的生产过程中，白善泥是其主要的制作原料，它是一种不均匀的砂黄色黏土，即所谓的"函善泥田"。根据县志中的记载，在1985年的调研中，荥经县六合乡的土壤分类中黄壤性水稻土类有470亩，占12.1%，而此类土壤的分布地全部位于古城坪，即荥经砂器主要的生产地。黏土矿是荥经砂器生产的特有原料，它分布在古城村，村境内方圆两公里，蕴藏量达1800万立方米。

表 2-1　六合乡土壤分类表（1985.8.30）
（参见：四川省荥经县地方志编纂委员会编．荥经县志 [M]．重庆：西南师范大学出版社，1998：26.）

土壤名称	分类名称	土属名称	土种	面积（亩）	补充说明
水稻土	水稻土	灰棕冲积水稻土	车泥沙田 泥田	512 97	主要分布在青花、富林两地
		紫色冲积水稻土	大眼泥田 红油泥田 丰沙泥田	256 284 175	分布在一级阶梯地上
			沙田	643	集中在星星河沿上
	紫色性水稻土	砖红紫泥水稻土	大土 夹沙泥田	1018 438	各村社均有分布
	黄壤性水稻土	再积黄泥土	函善泥田	470	集中在古城坪
潮土	河流潮土	紫色潮土	沙土	167.1	集中在古城坪
紫色土	石灰性紫色土	砖红紫泥土	大土 见骨土 小大土	3300.9 153.6 2361.6	无
黄壤	黄壤	冷沙黄泥土	黄沙泥土	35	无
		老冲积黄泥土	黄泥土	136.5	无

表格来源：《荥经县志》

图2-10 白善泥
图片来源：易欣 摄影

　　白善泥（图2-10），采取方便且含量充足，在开采后经干燥、研磨后使用。白善泥是一种颜色呈黄白色、土质十分细腻、无杂质、黏性较强、储量丰富的黏土，它的化学成分主要包括各种金属氧化物等。[1]具体来说，白善泥的化学成分含有三氧化二铝、三氧化二铁、氧化钙、氧化镁等，铁元素含量为2%至6%之间，与水调和之后，具有比较好的黏性。除了白善泥之外，荥经砂器的陶土还分为甲泥、嫩泥。"甲泥是一种以红色为主的杂色砂质黏土，嫩泥是一种土黄色、灰白色为主的杂色黏土。"[2]

表2-2　荥经陶土化学成分组成
（参见：四川省荥经县地方志编纂委员会编.荥经县志[M].重庆：西南师范大学出版社，1998：26.）

原料名称	SiO_2	Al_2O_3	Fe_2O_3	TiO_2	CaO	MgO	K_2O	Na_2O	I.L
黄泥（白善泥）	60.39	22.53	5.26	0.84	0.84	0.88	1.77	0.45	7.61

表格来源：《荥经县志》

表2-3　荥经陶土原料原矿外观及烧后色泽
（参见：严云杰.荥经黑砂陶生产工艺（四川省陶瓷艺术实训基地资料）[Z].）

原料名称	产地	原矿外观	烧后色泽	属性
黄泥（白善泥）	古城	棕红、黄色、浅红色	黄色、暗红色、灰褐色	高可塑性
甲泥	花滩	紫红、紫清、浅紫、红棕色	灰褐、灰黄、酱红	中可塑性
嫩泥	附城	浅灰、浅黄、黄红色	深红色、暗红色、灰褐色	中可塑性

表格来源：何海南　制

　　综合来说，制作荥经砂器的陶土具备两个特征：一为可塑性，意指黏土可以进行塑造的性能，在外力的作用下制作成各种形状而保持不开裂，当外力扯开后，亦能保持其形状不变。荥经砂器的主要原料均具备可塑性，这是原料非常重要的特征。二为结合性，指的是"当可塑性泥土干燥后，能维持其原来的形状而不松散，这种能维持黏土颗粒之间或黏土与非塑造性原料之间相互结合在

---

1 何毅华.一种现代意义的乐烧形式——雅安荥经砂器的烧制技艺[J].陶瓷科学与艺术，2012（02）：2.

2 严云杰.荥经黑砂陶生产工艺（四川省陶瓷艺术实训基地资料）[Z].

图2-11　无烟煤及煤灰渣
图片来源：易欣　摄影

一起的力"[1]。荣经砂器原料的结合性也体现在其原料的多样性，不同性能的荣经砂器可以结合不同的泥料进行配合和创造。

二、无烟煤及煤灰渣

荣经砂器的坯体的制作及烧制两大环节皆需要使用到无烟煤及煤灰渣（图2-11）。荣经是雅安地区主要的产煤基地，有20多个乡储存煤可供开采，总储存量为10373万吨，至1976年，全县的产量达到了3.16万吨，丰富的煤炭资源为砂器制作提供了条件。

无烟煤是一种坚硬、黑色、有光泽的非金属矿产，形状多为不规则的块状物。未曾磨研时是重要的烧制燃料。待其燃烧后的黑灰色煤灰渣，取其中没有被完全氧化的部分，再经过打磨成粉末，按照一定的比例与白善泥混合之后的黑泥便是最终制作坯体的泥巴。

煤灰渣又称炉渣，是块煤燃烧后的残渣，常呈疏松状或团块状，是一种火山灰质材料，其成分因煤种和燃烧程度不同而有较大变异，主要为氧化硅和氧化铝，活性与煤中黏土矿物组成、燃烧温度和煤渣含碳量等有关，故波动范围较大。一般说来，由于煅烧温度较高，活性比矿渣和火山灰低，但比粉煤灰高，可作水泥活性混合材料，也可用作煤渣砖、瓦和煤渣硅酸盐混凝土制品

---

1 严云杰.荣经黑砂陶生产工艺（四川省陶瓷艺术实训基地资料）[Z].

图2-12 锯木屑
图片来源：易欣 摄影

等的主要原料以及混凝土的轻集料。[1]将其废弃物再利用，作为砂器的原料可利于环保。

三、杉树或松木锯屑

荥经地区六合乡境内四季分明，气候和煦，雨量充足，有着丰富的植被资源。六合乡在中华人民共和国成立初期以家杉、杉木为主，杂以青杠、松树、桦树、水丝、木蜡烛、相树、珍楠木为常。因此，在烧制过程中作为重要材料的松树和杉树数量都十分充足。锯木屑（图2-12）是当地人们在使用原木时，开料所产生的细屑。锯木屑也称锯木末，是锯竹、木等时落下的细末，可用作冶炼铁合金的还原剂。它可增大炉料电阻和疏松性，避免结壳，同时增大炉料的透气性。一般常用于大型硅铁电炉。[2]它在荥经砂器的工艺中也是焖烧还原时的燃料，同时也是有助于砂器表面形成光泽感的关键材料。

第三节　核心技艺及规范

在荥经砂器技艺的手段方式及其规范的相关知识中，手段指手艺人在制作的过程中如何对待材料，以及如何在原材料的基础

1《环境科学大辞典》编辑委员会.环境科学大辞典[M].北京:中国环境科学出版社,
1991：451.

2 张显鹏主编.铁合金辞典[M].沈阳:辽宁科学技术出版社,1996：31.

上制作器物所使用的技术；规范则是指手艺人在制作器物时所使用的一套标准和规则，荥经砂器历史颇久，其制作过程中体现的一系列技艺环节凝结了当地手艺人的劳动经验。与其他制陶业相比，荥经砂器的不同点在于将本地泥料和煤灰渣进行配比，以及高难度的高温乐烧烧成方式，这些决定了它具有长时间食物保温的功能，以及视觉上的强金属质感等特点。

表 2-4　传统荥经砂器核心技艺流程表

环节体系		材料	工序
壹	制泥工艺	黏土、煤灰渣	一、采料
			二、粉碎
			三、搅拌
			四、陈腐
贰	成型工艺	黑泥土	五、制坯
	装饰工艺	无	六、装饰
	晾晒工艺	无	七、晾晒
叁	烧制工艺	无烟煤、锯木屑	八、生火满窑
			九、升温烧制
			十、还原上釉
			十一、出窑
肆	验收入库	无	十二、打磨
			十三、入库

表格来源：何海南　制

荥经砂器从备料到产品，经过多道工序。原料有黏土、炭灰、水、白煤、锯木屑或杉叶。黏土、炭灰经粉碎，碾磨成细末，按比例拌和，兑水反复搅拌均匀成坯料。坯料先制作成底坯，待底坯收水，具有一定承受力后，进行二次接坯、成型，然后进行工艺制作，成为半成品。经过晾晒、干燥，使水分蒸干，干完，经检验合格，预热，装窑，焙烧，焙烧到1200℃至1300℃，趁其高温放进烟熏窑内上釉，冷却后即成成品，验收合

图2-13 步骤一 选料

图2-14 步骤二 和料

图2-15 步骤三 拉坯

图2-16 步骤四 晾坯

格，入库包装，出厂。根据笔者团队的走访调查以及采访当地手艺大师傅，并参照当地县志以及县政府所著的《荣经砂器志》、严云杰所编著的《荣经黑砂陶生产工艺》等资料，系统整理出了荣经砂器手工艺的核心技艺。

步骤一（图2-13），原料进场后，在露天存放三个月以上时间，任其风吹雨打，日晒冰冻，通过风化，使原料组织粉碎、溶解与氧化，风化期越长越好。

步骤二（图2-14），将白善泥与煤灰渣碾细后掺和调配，处理时间依据泥料数量而定。

步骤三（图2-15），先制作底坯，待底坯稍干，具有一定承受力后，再作第二次接坯，接坯应牢固无痕迹。

步骤四（图2-16），等待坯体成型干燥，夏天须防雨淋暴晒，冬天要防霜浸雪冻。

步骤五（图2-17）， ①烧前先预热，以免在焙烧过程中因坯体含水，产生爆、裂。②坯体装窑下面要加垫圈保证成品砂锅口的圆度。③加煤要均匀。④加温应逐步上升，最高温度应控制在1200℃至1300℃之间。

步骤六（图2-18），烧好出窑，趁高温立即放入烟熏炉内上釉，操作速度要快且准，并轻勾轻放，不可碰撞变形。本书还进行了进一步详细解析，力图还原在生产生活中砂器技艺的真实语境。

一、制泥工艺

制作砂器的首要环节便是制泥，它是将白善泥与磨制后的煤灰渣通过一定方法进行处理，最终呈现为几种不同的带有颗粒感的黑色泥料。明清时期当地采用水簸法，这种方法一直延续到清朝中期。直至现今，虽有部分程序被现代化机械取代（图2-19），但其制作原理方法仍然未被取代。当地目前仍然采用传统方法进行制泥，大致的工艺流程分为六个步骤。第一步为采料，第二步为风化晾晒，第三步为粉碎，第四步为过筛，第五步为搅拌，第六步为陈腐。

图2-17 步骤五 烧制

图2-18 步骤六 出炉

图2-13至图2-18 传统荥经砂器核心技艺图示
图片来源：李珍瑶 绘

刚从泥层中挖出来的黏土又大又硬，需先把大块的黏土摊在露天的竹席上晾晒，进行风化，从而防止杂物进入黏土中。再用小铁锤或借助牛等畜力将大块的泥土处理成核桃大小的泥块集中堆放，并去除其中的杂质。通过反复地踩踏、搅拌，将黏土变得均匀。经过三个月以上的时间风化成粟核大小的泥粉，再用人力或者畜力，使用大石磨研磨成粉。将研磨过的泥粉末过筛，再加入适量的水搅拌成泥块。然后用手工搓成一份约30斤的泥块（此种泥块称之为生泥），将其放置于阴凉处，慢慢陈腐。最后，将之前制坯时使用的泥料（此种泥料称之为熟泥）与生泥按照1：3的比例进行混合，将其一层一层地重叠，再用木榔头进行捶打，排出其中的空气，增强泥料的可塑性，制泥结束。最终制坯的泥料还需要加入不同粗细的煤灰渣进行配比。在当地，师傅一般习惯配比成三类：粗砂料、中粗料以及细砂料。粗砂料是泥料中的煤灰渣，更为粗糙和大颗，制作起来比较磨手；中粗料和细砂料相对而言质感更为细腻，成型后的坯体表面也更为光滑。当制作一些低价的生活器皿如药罐、砂锅、火炉子等时，将使用粗砂料或是中粗料；当制作价格略高的工艺品或茶具时，一般使用细砂料。

二、成型工艺

传统荥经砂器的成型方法以手工成型为主，主要采取轮制法。在整个砂器成型工艺中"制坯"为重要环节，师傅的技术性好坏和熟练度的高低可以直接决定成品的质量，这个环节也是考

图2-19 制泥过程
图片来源：易欣 摄影

验手艺人心手合一的关键部分。在制作过程中，大多数物品都是在低踢轮上完成的。由于制作物体的不同，可根据需要，堆放或者移除盆以升高或降低高度。传统砂锅坯身由专业陶工制造，他们也制作盖子，但不进行任何装饰。传统的荥经砂器制作，通常使用石膏模具塑形，制作锅体，再辅之用泥条盘筑和手捏局部的方法成型。首先，师傅取出适当的黑砂泥搓成圆球形，将其拍成大小均匀的薄饼状后，再在其表面撒上一层煤灰，放置于转盘的中心位置，较快速地拍打将其慢慢变大变薄。再将泥片扣于已在转盘上撒好煤灰的模具之上，随着脚慢慢转动转盘的节奏，用木拍子进一步匀速拍打，使黑砂泥片完全附着吻合在模具上，并且厚薄均匀。由于泥片在拍打的过程中难免会出现高低不一的样子，所以师傅会用刀片或锯条将口沿多余的部分裁剪掉。最后在完整的坯体上撒上煤灰，再把坯体倒扣取出，放置于木板上，搬运至阴凉处晾晒。

图2-20 制坯过程
图片来源：易欣 摄影

不同的砂器种类对应不同的砂器造型，因此上述步骤仅为基本的砂器坯体制作。倘若制作的砂器需要增加高度以及调整坯体的弧度，那么师傅们将会在半干的坯体上依次叠加泥条进行下一步的制作。泥条的盘筑选择较为湿润的白善泥，将其搓成大约2厘米宽度的均匀泥条，再将其一层一层地盘筑在坯体上，用脚慢慢推动轳辘车的地盘进行匀速转动（图2-20），再用手进行拉坯成型。这样不同形制的砂器便制作完成，再将其放入阴凉处晾晒即可。

三、装饰工艺

荥经砂器融合了造型与装饰，马高骧在《谈四川荥经砂器新貌》一文中，总结了砂器四大特点——精、坚、秀、亮。由于荥经砂器带有强烈的地域性，大多数产品为民间日用或炊煮器皿，表面素黑且无太多装饰纹样，直至20世纪80年代后期受到外来文化的影响才开始流行装饰纹样，以龙纹为代表。此后，砂器常常使用一些动物、植物或是几何纹样进行装饰，如此一来既可以装饰砂器，又可以将其装饰作为砂器的把手，显得可爱有趣。当地通常使用具有装饰图案的石膏印模，在半干燥的坯体上印刷装饰图

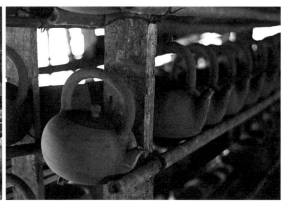

图2-21　晾晒过程
图片来源：易欣　何海南　摄影

案，其制作简单快速，并且可以大量使用。印坯时，将泥料或坯身放在准备好的模具上，并根据部件的深度进行按压，印制完成的纹样完全符合模具的形状。

四、晾晒工艺

将加工完成的坯体摆放在木架上进行晾晒，即为晾晒工艺（图2-21）。此道工序一定不能暴晒，也不能淋雨将坯体打湿，这两者都将使得坯体开裂。当地的手艺人一般认为砂器的坯体在制作完成之后就可以开始晾晒了。晾晒时，通常将坯体放置于木板上，再统一放到阴凉通风处进行自然风干。但这个过程需要根据天气的不同而花费不同的时间，大致需要2至5天。荥经属于常年多雨的季风性气候，有时候十来天都是连绵小雨，这使得砂锅坯体久久不能变干，所以手艺人有时会将砂锅倒置于窑的锅盖之上，运用烧窑的余热提前烘干砂锅，提高工作效率。

五、烧制工艺

陶瓷的诞生源于泥与火的化学反应，与所有陶瓷制作相似的共性在于，荥经砂器的烧制也是其制作中最重要的步骤，分为三个主要流程：生火满窑、升温烧制、还原上釉。与其他手工陶瓷烧成所用的梭式窑或阶梯窑、龙窑不同，荥经砂器的炊煮用具仍然采用传统的馒头窑焙烧和口袋窑取釉的制作方法。荥经砂器的炊煮用具的窑炉一般是在作坊里就地挖三个土坑，一个用于烧制，两个用于取釉。待坯体完全干透进行烧制前，师傅会将坯体

图2-22 窑炉
图片来源：李珍瑶 绘

倒放置于垫圈上，并在垫圈上用泥条盘筑一条在其表面上，防止坯体在烧制时与之粘连。加入的垫圈既可以保护器皿的形状不因高温而变形，又可以方便师傅取出。

1. 生火满窑

在烧制的前一天，师傅会将窑炉（图2-22）打扫干净，并在底部铺满干燥的稻草，于次日凌晨的三四点开工烧窑。主窑室内已经放好了之前铺满的稻草，师傅再不断将三四筐锯木屑均匀铺满在稻草上，然后将敲碎的无烟煤撒在最上面，点火燃烧（图2-23）。等燃起小火时，铺大约四筐的稍大碎煤块，最后将坯体放置在煤炭上。窑室内最多可放置二三十件砂器坯体，在放置的过程中，师傅会格外小心坯体的间距，使得既不相碰撞又尽可能地摆放出多的位置。坯体放置完成后，师傅将利用长长的杠杆，将窑盖盖上，然后开始升温烧制。

图2-23 生火满窑
图片来源：何海南 摄影

2. 升温烧制

在这一阶段，坯体依靠快速升温来进行烧制。民国初期，烧窑师傅将引火柴点燃之后，便会通力合作来拉动风箱，以风力来帮助煤炭充分燃烧，再通过时间和观察盖子周围的火焰颜色来辨别室内的温度，以此判断坯体是否得到充分烧制，以及是否达到准确的烧制温度（图2-24）。现代的烧制，由鼓风机代替了风

图2-24　升温烧制
图片来源：何海南　摄影

箱，节省了人力，但师傅们仍然习惯凭借自己的实践经验来判断烧制的阶段和温度。经过询问烧窑师傅得知，大致在烧制一小时后，窑内的温度可达到1000℃左右，待两小时后基本可达到1200℃至1300℃。一般来说，当地烧窑师傅在两小时之后即可进行下一步骤——还原上釉。

3. 还原上釉

进行烧制的主窑室旁边一般会有两个直径为90至120厘米的釉坑，等到坯体烧制充分后，烧窑师傅会快速地打开主窑室，身穿布披，头顶蓑笠帽，用一把长长的铁钩将通红的坯体放置在釉坑内，快速地倒入杉树枝或松木锯木屑，再立刻盖上铁盖，并在周围慢慢地铺埋上煤炭渣（图2-25）。

图2-25　还原上釉
图片来源：何海南　摄影

表 2-5　还原上釉时间过程表

（参见：Chandra L. Reedy,Pamela B. Vandiver,Ting He, Ying Xu,Yanyu Wang.Research into Coal-clay Composite Ceramics of Sichuan Province ,China[J].Materials Issues in Art and Archaeology XI,2017(2):2061.）

高温窑（主）#1　将坯体烧成稳定的砂器，使其具有低孔隙度和岩石般的硬度；烧制持续时间为53~67分钟。		高温釉窑#2　影响表面纹理并产生略微玻璃状的表面；烧制持续时间约为53分钟，包括加热和冷却以及大约一半的装卸。	
0~15分钟	装载和堆叠，通常是两盆高。		
3分钟	打开鼓风机，3分钟后关上盖子；煤层发光，但锅不发光。		
20分钟	砂器呈现出明亮的橙色；火焰从窑炉的盖子以及小孔周围冒出，并且陡峭的温度斜坡发生在大约1150℃；一人看窑，二人短暂休息。		
20分钟	保持最高温度。	/	
10分钟	关闭鼓风机；加水到窑口表面并且开始冷却窑，或者至少防止温度进一步升高。	/	
7分钟	将窑#1的60个发光砂器转移到窑#2。	7分钟	将发光罐转移到窑#2；如果温度不够高，在窑内表面加入稻草或木屑，或撒上煤/草混合物。
10分钟	休息。	16分钟	立即更换盖子并浸泡。
15分钟	窑坑达到温度。	30分钟	大约5分钟通过堆窑#1，将水加到窑#2周围，并让其冷却。
3分钟	打开鼓风机，3分钟后盖上盖子；煤层会发光，但不是砂器。		
18分钟	窑坑达到温度，一个人观看，另一人休息。	7分钟	将窑卸下到周围的地板。
22分钟	使得窑坑保持最高温度。	10分钟	允许空气冷却。
10分钟	向窑口的外围加水，以及窑温稳定并且开始冷却。	15以上分钟	窑主和其他工人将坩埚从釉窑中移开，并且将堆叠的盆分开；其他人清洁砂器并通过敲击的声音来测试成品；如果破裂，便将其丢弃；之后，当砂器从窑#1转移到窑#2时，会把烧制好的砂器置在周边的棚子里面。
7分钟	将发光的砂锅转移到窑#2；如果完成了罐子的搬移，那么工人即可休息一下，并且再次开始加载和堆叠。		
此过程重复循环持续时间约为85分钟。		重复的循环持续时间约为85分钟，一天的工作是5次烧制，烧成295~300个汤锅。	

表格来源：何海南　易欣　制

窑工们用口袋窑外围凹槽内的煤渣密封盖口周边，只让火苗从窑盖中心透气孔中蹿出，让高温的坯胎与易燃的有机物混合，产生"焖燃"，把胎质中的石英、长石等矿物质以及金属溶解"析"出，形成氧化物结晶附着于器物表面。[1] 大约30分钟的时间，待杉树枝或松木锯木屑与砂器表面充分发生化学反应后，完成上釉。砂器表面是一层银灰色的物质，使得砂器透水性变弱，从而使用寿命变长。最后，师傅们会在釉坑附近挖上一圈凹槽，再将水洒进凹槽中，水便从窑的侧面进入周围的多孔室。砂器保持在坑中直到几乎冷却，然后被移除以完成空气冷却。大约再等30分钟，窑室温度慢慢降下来，即可开窑。烧窑师傅再次使用长钩将烧制完成的砂器拣出来，敲掉其垫圈即可。在这种还原气氛之后，荣经砂器表面皮肤变得像内部一样黑，并被薄而闪亮的银灰釉覆盖。

六、验收入库

一般烧窑结束，待成品冷却后就可以进行最后的验收了。用厚砂纸把砂器的底部磨平，从而避免磨手。再经检验，若无开裂变形等问题，即可入库进行售卖（图2-26）。在检验的时候一般有如下几点需要注意：变形、黑点、气泡、欠火、过烧、开裂、杂质等问题。

图2-26 验收装载
图片来源：何海南 摄影

---

1 徐平.雅安荣经砂器之炊煮用具的工艺特征探析 [J].装饰，2016（05）：114-115.

总体而言，在这一章中，以荣经砂器的材料与工艺为讨论核心，呈现手工艺制作所固有的地方区域性特色，并同时体现了微弱的时代变迁。依据"天时、地气、材美、工巧"四大传统手工造物主体原则，本章系统梳理了荣经砂器的材料及其特性，观察发现荣经砂器的制作材料具有以下两个特点：来自自然，取之有道；天然环保，循环利用。取之不尽用之不竭的天然廉价材料成为荣经砂器发展的基础，也正因为传统手工艺地域性特色的形成依据就地取材，因而形成了与其他地区手工艺有所不同的区域性特色。全国烧制砂器的地区不少，像荣经如此形成了小规模产业区域的地区并不多，荣经砂器从历史上的传统砂锅、食器、药罐等造型转型至如今的工艺品、茶器等造型，尽管造型、色彩和宣传营销售卖方式都发生了很大变化，但其基础核心的材料选择和工艺制作流程变化不大，依旧是白善泥、传统制泥手法在机器的引进后简化了匠人们的劳作，无烟煤、煤灰渣以及锯木屑等材料依然保留了取之不尽用之不竭的优势，也足以让荣经砂器保持材料上的低成本优势。

荣经砂器的核心技艺与其他陶瓷手工艺相比，最有特色的工艺在于将本地泥料和煤灰渣相配比结合后再高温乐烧。从生产设施和工具系统上，可以隐约看到如今的工匠在制坯时与时俱进，并不拘泥于旧有的陈规，灵活选取各类顺手、更加方便的工具进行制作，功能上方便生产，价廉物美，可随时取用。这恰好体现了荣经砂器作为民间手工艺的价格亲民和工艺的灵活性。

第三章

荥经砂器的文化生态变迁

　　荥经砂器地处四川西部，不同于江西景德镇官窑制瓷系统，作为民窑，与官窑相比，存在各方面的劣势，在严谨度上，没有官方的督办，也无御窑厂的高标准的影响，本质上是一种民间自然造物的技艺，自然也就呈现出许多民间的造物特色，以及西南地区独特的区域性文化。在其手工艺匠人群体中，多数人员文化水平有限，十多岁辍学后开始学习这门手艺者为众。至2023年也依旧如此，具有大学学历的从业人员偏少，本书中涉及的访谈者中仅二位具有大学学历。从业的群体性别分布中，制坯和烧窑师傅仍以男性为主，女性多负责装饰、打包及售卖等环节分工，这一两性分工模式延续至今（截至笔者完稿前最后一次田野调查2023年6月）。在这样的背景下，荥经砂器手工技艺中的知识和技能会通过不同的方式被获得或被创造，也会产生不同的技艺主体传承方式。但又由于不同时期所面对的外部市场、自身生产要素以及相关环境的差异，荥经砂器手工艺也呈现出了各异的生产组织形式、经营模式及销售方式。

第一节　自然地理条件

　　本书的研究对象为荥经砂器手工艺，其分布范围主要在距离荥经县城1公里，国道108线旁的六合乡古城村的砂器一条街内（图3-1）。位置为北纬29°29′—29°56′、东经102°20′—102°56′，位于四川盆地西部边缘，东北接雅安市雨城区，东南邻眉山市洪雅县，西南连接汉源县，西交甘孜藏族自治州的泸定县，北靠天全县，东西长61公里，南北宽53公里，是古代南丝绸之路的重要驿站。[1]古荥经本土文化与楚文化、古蜀文化相互融合，历史底蕴丰厚。春秋战国时期割据对峙混战，致各种文化交织。秦朝时是严道县的所在地。汉朝沿袭，后设置益州县管辖荥经，历经各朝各代的改革，至唐朝武德三年，改设为荥经县，雅州管辖。元朝时划归严道，设置了巡司。明朝时恢复成荥经县。

---

1 荥经县 [EB/OL]. (2018-1-9) [2019-1-9]. https://baike.baidu.com/item/荥经县/271489.

图3-1　荥经县古城村砂器一条街
图片来源：易欣　摄影

清朝继续沿用了明朝的划分直至今日。雅安地区全年气候温和，温润多雨，县城内有荥河和经河两大支流贯穿全县。由于古时西南地区与藏区受到地形影响，交通艰难，但又因需生活物品，于是逐渐形成了著名的茶马古道。荥经是这条茶马古道中的重要部分，砂器也随着茶马古道的贸易而传播到各地。

　　荥经县自古出产制作陶器的黏土以及煤矿，荥经严道遗址出土的春秋战国以及秦汉时期的大量陶器文物证实，荥经砂器的历史十分悠久，汉代时期的黑砂陶就已与现今的荥经砂器十分类似了。"荥经砂器的窑址较为集中，主要分布于荥经县城郊的砂器一条街，其中规模最大、产量最高、产品工艺最好的要数朱氏砂器、荥窑美学生活馆、曾氏砂器等等，这些砂器生产商除了生产较为传统的砂锅，通过自主研发与创新，所生产的砂器产品种类更加丰富，主要包括茶具、餐具、装饰器皿。"[1]

第二节　劳动与技艺主体传承方式

　　梅尔福特·斯皮罗曾经谈及："人类社会系统以及文化的所有方面都是'习得的'。'习得的'这个词语在种系中，指发现

---

1 赵杰. 荥经砂器茶具产品设计研究 [D]. 四川师范大学，2018：8.

的和创建的；在个体上指获得的。"[1]无论是在种系或是个体之间，"习得的"都是依靠"人"来充当媒介。因此作为荥经砂器手工艺技艺得以存在的核心要素便是手工艺人，他们是进行砂器技艺知识和技能传递的技艺主体。荥经砂器这一传统手工艺的传承方式主要表现为外部显见传递方式，即血缘、亲缘、地缘为主的家庭或者是师徒传承模式；以及内部隐性传递方式，包括手感的体验、机会技术和地方性知识等。前者是主要的传承方式，后者则是整个过程中的必要和充分的关键方式。

一、外部显见传递方式：血缘、亲缘、地缘为主的家庭或师徒传承模式

荥经砂器的制作主要是以家庭为单位、小型作坊为形式的生产方式（图3-2），因此砂器技艺主体的承续方式是以家庭为主的内部传承。父子、夫妻、兄弟等家族血缘关系的手艺人，通过其代代相传的技术，自行售卖或是接受外界的订单，是延续至今的手工艺技术凝聚的方式和组织形式。

家族传承，顾名思义是一种在家庭内部进行的传承方式。而"家庭"又是整个社会最为基础的群体单位，这样的群体有着相

图3-2　荥经砂器烧制图
图片来源：易欣　摄影

1 [美]梅尔福特·斯皮罗.文化与人性[M].徐俊等译.北京：社会科学文献出版社，1996：119.

同的血缘关系，所以也就成为相对稳定和具有黏合力的群体。一般而言，对于传授自己技艺的亲人，人们仍习惯以亲属关系来称呼，而不是"师父"这一称号。这种方式依靠着祖辈和父辈们的言传身教，在日常生活中传播教授、相互引导，无形之间增加了学习时间，增进了彼此之间的信任感和亲密感，是最为原始和初级的传承方式。

砂器手工艺人的家庭成员会因为性别、年龄等条件来具体进行劳动分工，一般来说，由于荥经砂器的制作需要耗费大量的体力和精力，所以男性为砂器制作和烧制的主要人员，而女性则是负责其他更为轻松的环节。男性作为生产生活中的主要劳动力，荥经县古城村的多数传统家庭仍是以男性作为绝对核心生产主体。在砂器一条街的门店作坊之中，多数门店的经营者进行技艺传承之时，都试图以稳定的血缘关系来规避不确定的各类风险。在田野调查时被采访的李师傅说道："这条街上，从我小的时候就在做砂锅了，整条街都是。我做砂锅都二十多年了，小时候跟爷爷、爸爸学的。我们那个时候出来得早，十几岁就开始做事了，五六岁的时候就跟在后头耍，慢慢地就会了嘛。我老汉也是做这个的，我们一家都是做这个的。"荥经砂器的制作至今仍属于多人合作的手工劳作，他们之间较少会出现经济分配矛盾，亲属之间的信任、默契与熟悉，在一定程度上提高了手工制作技艺的生产效率，因此这一传承方式十分适应亲密关系的家族成员之间心口相传的传承。"师徒传承"也是荥经砂器传承的重要形式之一。徒弟通常由师父挑选，而师徒之间往往具有一定的地缘、业缘关系。当地家庭传承方式常常与师徒传承方式混合在一起，比较难以完全独立分开。比如说，当地的非物质文化遗产传承人曾庆红本人是承袭其家族的技艺，但是他同时也招收一些异姓年轻人作为学徒，以师徒形式进行手艺的教授。

同样地，在荥经砂器技艺以师徒制传承作为途径时，它是技能技巧的传习方式，具有浓烈的民间文化特点。师徒关系成立时，"尊师"成为首要法则，之前还有较为烦琐的拜师仪式，现今基本已无。在学习技艺时，师父多数是把徒弟带在身边，或示范或手把手教学，到关键部分时便依赖于口传心授，并且师父对徒弟享有报酬的分配权。古城村现有手艺人招收徒弟时，明确要求工艺不能随便更改，工具不得随意更换，并且学徒时间也是有着相当严格的规定，正是这样严格的规范和约束才能够保障技艺本身的延续性。当下，师徒传承也有了新的变化，这一手段不再单一地仅以地缘或是熟人介绍为条件，开门授艺、广收徒弟成为新的发展方向，并且高校师生和艺术家也成了参与者。

二、内部隐性传递方式：手感、机会技术及地方性知识

（一）手感的体验

在田野调查时，当具体问到某一个制作程序的标准，或是如何确保砂器烧制的准确性时，往往手艺人都无法使用具体的语言或标准进行回答，常常依凭感觉。"感觉"一词是手艺人口中经常出现的一个词语，制作的感觉、烧制的感觉、材料的感觉，都说明了手工艺具有不确定性，而这种不确定性来自人们手感的体悟的个体化差异。 关于荥经砂器的记载和资料，都是以一种书面文字记述的方式将砂器制作的方法、原理、材料以及技术流程等书写下来。手艺人通过文字的学习而掌握技艺，这是一种外在的显性知识。特别是关于材料、工序、物件的规格尺寸以及工艺条件等以文字形式书写而成的具体标准，绝大多数手艺人会去遵守它，乃至于成为约定俗成的规则，这便是一种明确的知识。但在技艺实施的过程中，还有许多是文字记载无法描述却又被手艺人所掌握的知识，这种通常不为人所注意或知晓的以隐藏的方式传递的便是隐性知识。手工技艺包括技能、技巧和技术三部分，"技能是身体的协调性和加工过程中表现出来的熟练度，技巧是解决问题或形成个人风格的诀窍，技术包括工艺流程、工艺法则、实体性工具等。"[1]荥经砂器手艺人大多数关于技艺的学习并不是依靠如同现代工业文明学习一般的书本文字记录，而是凭借

---

1 廖明君，邱春林.中国传统手工艺的现代变迁——邱春林博士访谈录 [J].民族艺术，2010（02）：17-24.

他们从小浸泡在生产空间的默会能力，以及在日常生活中不断制作的经验，这是一种感知能力。"在传统手工艺的实践中，制作者在长期的反复训练和操作过程中所形成的习惯，是有效控制、平衡与消化种种不确定因素的有效手段。习惯的形成，或者是从小随师父学艺时，与工艺技术以及相关的知识一并继承而来的，所谓'少成若性，习贯之为常'[1]；或者是在社会环境的影响下，受到众多师傅的影响，逐渐在实践中形成了个人的习惯。这样的习惯多数人是'知其然不知其所以然'，因为能够有效地控制、平衡与消化种种不确定因素，故能够随着工艺技术及其相关知识一同被传承下来。汉代文献《风俗通》中所记录的'俗间行语，众所共传，积非习贯，莫能原察'[2]，是符合历代社会生活的实际情况的。历代手工艺人的习惯之传承，基本上都遵循着这样的途径。"[3]

荥经砂器制作过程中，最为重要的环节便是"烧窑"。在这个过程中，没有现代的科技来测量温度，全靠师傅个人的经验判断即时温度以及进行还原上釉的时刻。烧窑师傅每一步的细小动作都有可能影响到最后成品的效果，而这些细小动作很多时候都似乎是只可意会不可言传的，全靠师傅的技能和经验才能把握。在学习过程中，技术和技巧是更为容易掌握的能力，但是关于技能的部分，大多数手艺人要依靠多年来生产实践过程中所累积的个人感知才能获得。这个感知是隐蔽的，通常是别人不知晓的，只有在长时间生产实践中不断练习才能获知，是一种逐渐领悟了解的过程，即所谓的"心手合一"。这样一种经验传播——"手感的体悟"，就是一种潜在的、隐性的传递方式。从文化传承的角度而言，手工艺人的"言传"和"身教"往往是最重要的两种方式。徒弟的学徒生涯往往就是在与师傅朝夕的日常生活相处

1　（清）孔广森.大戴礼记补注：附校正孔氏大戴礼记补注 [M].北京：中华书局，2003：63.

2　（汉）应劭撰，王利器校注.风俗通义校注之序 [M].北京：中华书局，1981：4.

3　徐艺乙.手工·工具·习惯——与传统手工艺时间过程中的不确定性相关的问题 [M]// 手工艺的文化与历史.上海：上海文化出版社，2016：65.

中，懂得其中的暗示。强调"看"比强调"说"更重要，强调的是理解和个人感知能力，而不是专注于掌握一般性规律。因此，在荣经砂器的制作过程中，尤为重视在反复的高强度实践中，尤其是对器物制作时状况和变化的技能，以训练对"手"的感知。

（二）机会技术

当地的手艺人会在门店外制作，以此来吸引购买的顾客及路人。在开放式的空间中，人人都可以驻足观看。许多师傅曾这样描述自己是如何入门学习的："我这个东西不需要特别的学习，师父都在街上，看看就会了。""我经常在家里看着自己的爸爸做这个，慢慢地就学会了，简单得很。"简单的话语中隐含着当地的技艺传播的共享性。在中国艺术研究院邱春林博士的《传统社会手工艺传习过程中的机会技术》一文中，提出了一个机会技术的概念："机会技术"特指手工艺的专业技术经过社会化之后成为人人共享的知识或工具和物品。机会技术是技术的广泛传播，而非保密，它具有客观化、实体性、开放性的特点。[1]而荣经当地砂器的制作技艺也是广泛共享的，是一种机会技术。当地以"曾""刘""王""郑"姓为主，同姓之间大多数有着亲缘关系，伴随着这样的亲密关系，培养手艺人便成了一种机会技术。在这样的同源传承中，相对而言技艺会保持一定的稳定性和统一性。

中国农村村落一般居住在人口密集的社区，他们大多数都是同一家族的成员。这种以"聚落"为主体的文化空间，还保留着技艺的传承。人们通过长期的交流，在传统文化氛围中形成了价值认同，这种认同在乡土村落已经延续了悠久的历史。在某种意义上，这里的人们对手工艺很熟悉，他们以一种独特的交流方式进行生产。村中的家庭关系、邻里关系、产业来源关系的交织，使技能在此基础上进行交流与竞争，影响于人们生活的各个方

1 邱春林.传统社会手工艺传习过程中的机会技术[M]//周星.中国艺术人类学基础读本.北京：学苑出版社，2011：334.

面。[1]同样的地理环境和文化背景容易促进同样的文化心理结构，进而创造和承载文化特性的区域技术。区域之间的技能是通过相互之间的人际交流来分享和传播的，比如上门拜访、串门、邻乡互相帮助。这种技艺的流传往往是无意识的"有意之作"，成了隐蔽的知识体系。在古城村中，每家店铺的设计元素看起来非常相似，但当地人却能因为制造、装饰、商店标牌的细微差别，很容易地确定商品来自哪个作坊。这都说明了在当地制作砂器的技艺是共享的，大家都互相知道各自的制作工艺。技艺的共享性是因为制作砂器的工序基本有固定的程序，涉及制作各个方面的人都是兄弟姐妹，这必然会在无意识的情况下揭示每一个细节。

（三）地方性知识

荣经砂器的技艺传承还建立在其以语言为基础，相对应的地方性知识。荣经县处于四川盆地与青藏高原的过渡地带，当地方言属于西南官话中的一种。多数人都是用当地的方言进行交流和沟通，特别是在制作的过程中，各环节的手艺人甚至都有他们独特的话语体系。地方性语言是当地人们日常社交的需求，与当地人的社会实践活动密切相关，更是一种地域社会分类系统。"语言有一个意识形态议程，我们往往看不见的议程。语言的议程深深地整合在我们的人格和世界观里，只有靠特别的努力，且常常要经过特殊的训练，我们才能探查到这个议程。语言和电视、电脑不同，它不像是我们力量的延伸，而是我们是何人、像什么人的自然流露。"[2]在技术的传递过程中，人们会忽略语言的重要性，其实它也是一种隐性的传递方式。每个技艺过程都会被当地人转化成以他们自己的语言方式进行表达和转述，在这种同质性的语言互动中，手艺人完成了对于技艺的感知。这种感知不是显性的文字可以表达记载的，是当地人秘密的"心口相传"。当地手艺人在对砂器制作技艺的描述中，关于地方性文字的使用特别

---

1 谢亚平.四川夹江手工造纸技艺可持续发展研究[D].中国艺术研究院，2012：35.
2 ［美］尼尔·波斯曼.技术垄断：文化向技术投降[M].何道宽译.北京：北京大学出版社，2007：125.

丰富。比如，制坯师傅们在制作过程中会用榉木灰撒在坯体上，使其不沾，而这样的工序他们称之为"油灰"；而制作坯体找中心时，他们又称之为"告车子"；东家去西家拿货时，称为"捡砂锅"。这种动词的使用特别代表了人的不同心理感受。他们对不同的材料、工艺流程、制作工具或是其他只有行内人才能听得懂的方言描述，这种类似于秘密语言的交流成了保护核心技艺的知识屏障。"这种用'非物质'的语言对技术实体'物质'的表述和指示，是当地人观察、比较、分析和概括能力的体现，能形成一种在这种语言环境和体系内的心理空间和想象空间，并形成一种在地域性文化中才能认知的语言符号的'能指'和'所指'，从而维护了技艺的传承。"[1]技艺的承续发展不仅仅由显性的方式去传播与学习，也有以地方性知识为媒介的内部隐性传递模式。我们通过当地的地方性语言和知识可以更加地了解别人的精神世界或是日常经验，而不是文化的他者。

综上，荥经砂器能够源远流长并传承下来的重要原因，便是通过显性和隐性的双重手段传递技艺。然而，在当今由于时代潮流的快速发展，从业收入低，当地人不再愿意从事该项技艺活动，从事人员的急剧减少成了现在荥经砂器面临衰败的最主要因素。

第三节　劳动与组织

由于荥经地处偏远，仍长期处于小农社会背景，荥经砂器并未受太多外来因素冲击影响，得以秉持自给自足的生产销售模式，以家庭小作坊式的生产维持其发展。但在20世纪初，工业机器批量生产使得荥经砂器遇到了危机，也经历了转变。近现代的荥经砂器发展处于农转商的经济背景之中，如今更作为文化遗产成为当地的一种文化资源。在荥经砂器手工艺中提及的"存在形态"是指当地技艺主体在进行手工业生产时所采取的形式。从

---

1 谢亚平.四川夹江手工造纸技艺可持续发展研究[D].中国艺术研究院，2012：33-34.

历史上来看，荥经砂器的生产组织形式主要分为三种，分别是小农户家庭手工业、农村作坊以及工场手工业、工匠手工业。荥经砂器的存在形态在很大程度上也与经营模式有着十分紧密的联系。依据工业生产活动经营制度理论，"可以概念化三种形式：即业主制下的自主经营、包买主制下的依附经营、股份制下的公司化经营"[1]。根据彭南生的阐述，荥经砂器的主要经营模式可以分为"业主制下的自主经营"以及国家管理，文中将其仔细分为以下两大类别：博物馆和企业。博物馆主要是展示与传播的作用，企业则是生产和传播的作用。不同形态的手工业也可能采取同样的经营模式，荥经砂器工艺中存在业主制度下自主经营的家庭手工业，或工匠手工业。采取以自主经营为主的店主在进行售卖之时也跟随着时代背景的变化而产生多元化的倾向。此前多采用背夫销售，或向相邻外县商家进行批发售卖，但如今则主要以现货和订购销售、网售线上门店和直播销售以及零售与展销会为主。本节将主要剖析荥经砂器手工艺的生产组织形态、经营种类、销售方式以及空间场域的变化，注重解释其变迁动向以及原因、特点，以此分析荥经砂器劳动与组织的复杂性与多元性。

一、由传统家庭手工业转变为工匠手工业的荥经砂器生产组织形态

（一）小农户家庭手工业

小农户家庭手工业是近代乡村手工业最重要的组成形式，它存在的范围之广、时间之长，是其他类型生产组织所无法比拟的。"从理论上来讲，农民家庭手工业，是指家庭为工作或生产场所、以家庭劳动力为主要生产者的手工业生产形态。"[2]通常来说，小农户家庭手工业不需要太高的运作成本，也不需要太复杂精致的工艺技术，但是它的灵活度较高，可以适用于各种不同的生产目

---

1 张绪.民国时期湖南手工业的生产经营形式[J].武陵学刊，2012（2）：4.
2 彭南生.半工业化——近代中国乡村手工业的发展与社会变迁[M].北京：中华书局，2007：283.

的和经营模式。在中国农村地区，农家是最基本的经济单位和生产单位，农业和家庭手工业的结合是现代农民经济活动中的普遍现象，而农业往往是处于领先地位，手工业等其他产业处于次要地位，即所谓的副业。早期荥经砂器都是以小农户家庭为单位进行生产，"用历史的眼光来看，在过去，除去农耕生产以外，手工艺生产是农民增加自己收入的最好途径，特别是在市场没有发育成熟，没有多元化的工业和商业的时代，更是这样子。"[1] 荥经砂器在这种模式下，最主要的特点便是生产和消费统一，处于自产自销的状态。最初，作为小农户家庭手工业的荥经砂器与农家家庭紧密地联系在一起，成为副业收益，与主业农业一起维持农家的生活。于是，家庭手工业已成为早期农村手工业的主体。

（二）农村作坊以及工场手工业

"作坊和工场手工业是指在家庭以外拥有固定的制造场所、并拥有家庭成员以外的劳动力进行生产的手工业形态。"[2] 处于成熟期的荥经砂器手工艺存在着不同规模的作坊，规模较小的手工作坊以自己家庭成员作为主要劳动力，偶尔雇佣他人做工；规模较大的作坊便开始从家庭中剥离出来，雇佣较多的外来劳动力进行劳作，并且在劳作的过程中根据环节的不同，进行严格的分工合作。它的主要特点就是已经脱离原本的农村家庭，开始成为一个更有组织性、专业性的场所，并且开始面对市场，组织生产的专门机构。"农村作坊以及工场手工业"这一生产组织形态的产生在当地有着以下几种途径。第一种途径：由于生产经营规模的不断扩大，本身的家庭劳动力已无法满足需求，因此需要聘请外来工匠进行劳动生产。如比较常见的情况：当某一店家接到较大订单而人手不够时，便会临时聘请其他的手艺人，直到完成订单。

---

1 荥经县人民政府编撰 . 荥经砂器志 [M]. 内部资料：55.
2 彭南生 . 半工业化——近代中国乡村手工业的发展与社会变迁 [M]. 北京：中华书局，2007：290.

第二种途径：村中的更为富裕的农户希望得到手工艺行业的利润，于是响应当时的政策，开始创办作坊办厂，并雇佣劳动力进行生产，这种情况属于私营企业。在《六合乡志》中曾记载："改革开放之后，各行各业蓬勃发展，砂器行业开始复苏。鼓励一部分人通过诚实劳动、合法经营先富起来。"1979年，当地手艺人曾宪华创办了私营企业曾宪华砂器厂。到1998年，古城村个体私营砂器企业达到了127家，后又衰败。2000年左右，当地手艺人纷纷又重新创立自己的工坊，并且相当一部分建立起了现代化的公司。

表 3-1 1985 年荥经砂器的个体私营企业情况

企业名称	参加人数	固定资产（元）	年收入（元）	交税金（元）	年工资（元）	性质	建厂时间
张富康	4	1000	5000	250	3000	个体	1983 年
代明忠	4	800	5000	250	3000	个体	1983 年
刘洪泉	3	600	4000	200	2500	个体	1984 年
洪国俊	5	500	6000	300	4000	个体	1984 年
胥启全	3	1000	4000	200	3000	个体	1984 年
李朝云	2	200	2500	125	1500	个体	1984 年
曾宪锦	2	200	2500	125	1500	个体	1985 年
曾宪兵	2	200	2500	125	1500	个体	1984 年
李树祥	4	5000	4000	200	3000	个体	1985 年
杨仕康	3	500	4000	200	3000	个体	1983 年
刘文均	2	200	2000	100	1200	个体	1984 年
蒲仕伦	3	800	4000	200	3000	个体	1983 年
叶文炳	2	500	4000	200	3000	个体	1983 年
包发全	3	500	4000	100	3000	个体	1983 年
曾宪华	3	500	4000	200	3000	个体	1983 年
曾昭兴	3	500	4000	200	3000	个体	1983 年
罗吉先	3	6000	5000	250	3500	个体	1983 年
曾宪昌	3	400	5000	200	3500	个体	1984 年
朱庆英	2	200	2000	100	1500	个体	1984 年

表格来源：何海南 制

　　第三种途径：国家进行发展改革，当地政府创办的手工业合作工厂属于集体经济、国营企业。这种途径产生于特殊时期，"当地政府在1949年之后逐步进行改革发展，先是于1950年将古城村的古城大队一社与三社的生产队组合起来，建立队办企业的砂器厂，统一经营。1956年之后通过人民公社的建立，古城村的每个生产队都建立起了烧制砂器的社会企业。1958年之后，荣经县人民政府又将古城村中技艺精湛的几十户家庭作坊组织起来，成立'荣经县地方国营砂锅厂'，后调整为砂锅生产合作社，最后更改为荣经县工艺砂器厂。工厂里少则十几人，多则上百人，职位明确，分工详细"[1]。集体化的国营企业生产组织形式的出现，使得手工技艺的生产模式成为流水线生产的模式，打破了传统的砂器制作特点，更加强调集体之间的合作，从而提高生产效率（图3-3）。在荣经县地方国营砂锅厂的历史记载中，它的整个产品开发售卖过程分为五个阶段，每个阶段环环相扣，缺一不可，"第一个阶段为计划决策，主要是由主营厂领导和质营小组负责，其中包括构思、技术市场、用户调查、开发方案、开发实施方案；第二个阶段为探索试验，主要是由质营小组负责，内容包括课题分析、结构材料技术攻关、原型产品研制、实验改进；第三个阶段为设计试制，由车间、质营小组负责，主要负责产品设计、样品工艺标准、样品试制、试验改进；第四个阶段为生产试验，由车间负责，其中包括生产工艺准备、组织生产、批量试制、试验改进；第五个阶段为正式生产、销售，主要由生产车间、用户、财会室负责，主要包括批量生产、正式生产、售后服务"。因为多个环节的紧密相连，以及当时国营企业的终身雇佣制度的保障，使得厂内所有工作人员都成了利益共同体，大家身处于同样的工作环境中，共同依附于同样的生产组织，因此对国营企业的认同感和集体归属感更加强烈，逐渐建立起对国家意志的同理心。并且，国营砂器厂在生产观念上也由

---

1 荣经县人民政府编撰．荣经砂器志[M].内部资料：55.

图3-3 荣经县地方企业生产组织变更情况示意图
图片来源：何海南 制

任亲缘血缘用人转变为业务能力优先，形成了优胜劣汰的竞争模
式，加强了企业的竞争能力，生产模式是完全不同于以往传统的
小家庭生产手工业的。

表 3-2 1985 年荣经砂器的集体企业情况

企业名称	参加人数	固定资产（元）	年收入（元）	交税金（元）	年工资（元）	性质	建厂时间
古城一社	20	8000	3500	1750	2000	社办	1950 年
古城三社	20	9000	3000	1500	2000	社办	1950 年

表格来源：何海南 制

（三）工匠手工业

工匠手工业是一种古老的手工业形态，它造就了中国历史上
大量的能工巧匠。它可以细分为两种形式：一种是固定的铺面，
如父子班、夫妻班，运用世代相传的技术，接受客户的加工订
货；另一种则是流动的匠人，往往在农闲季节主动外出揽活，进
入客户家中，运用自己的生产工具与技术为客户服务，这种流动
的工匠手工业促进了生产技术在地理上的传播。[1]古城村是荣经砂
器手艺人最为集中的区域，由于师徒制的血缘、亲缘关系所带有
的地域性色彩，所以荣经砂器的手艺人会集中于此，形成以某种
手工艺出名的村庄聚集地。工匠手工业的生产组织形态是现今荣
经砂器手工艺较为主要的形式，各个门店坊主都聘请熟练掌握制
作及烧制技艺的手艺人进行生产。通常，工匠的工作会因为不同
工种而产生不同的特点。若是制坯师傅，只需要按时完成雇主的

---

1 彭南生.半工业化——近代中国乡村手工业的发展与社会变迁 [M].北京：中华
书局，2007：301.

任务量即可，并没有固定的工作时间，但是每家店面都有自己固定的制坯师傅，不会一人同时流动在多个店面中工作。

负责烧窑的师傅，则需等待店主的通知来决定自己上门烧窑的时间，通常由需要烧制的坯体数量决定自己的工作时长。一般而言，烧制一窑需两三个小时。以前每家店面都有自己固定的烧窑师傅，但是因为手艺人数量的急剧减少，所以也会出现好几家店面聘请同一个师傅的情况发生。

二、由单一自产自销转变为多元共存经营的荥经砂器经营模式

中华人民共和国成立以来，荥经砂器手工艺很大程度上仍然受到了小农经济的影响，依旧属于手工制作、小批量的自产自销的生产组织形式，因此，该地仍旧具有鲜明的乡土生活特色。但是在近现代，当地的社会背景处于一种农转商的转型环境中，荥经砂器由此受到冲击。但是，它的社会组织和经营模式仍然以各种氏族关系为主，即血缘和地缘关系为基础。在之前，由于荥经县地广人稀，经济水平不高，其消费需求不旺盛；又由于身处于西部山区之中，交通不便，砂器的运输比较困难，所以通常是由买主决定如何生产，生产多少，当地手艺人从而再进行制作销售，以此来降低个体的风险性，获取更为稳定的收益。

但是，现在荥经砂器手工艺的经营模式已然不只是包买主制下的依附经营，而是以业主制下的自主经营为主了。经过调研，得以总结出当地砂器一条街中商户的经营模式分为两种类型、七种情况：独自一人开店的外地年轻人、老板兼手艺人的两栖者、从农村来打工的父子兄弟、独家技艺垄断的传统老店、本地有文化的新一代作坊主、外来的文化商人经营门店、新建的砂器博物馆。

（一）企业：生产和经营模式

在目前的荥经砂器手工艺生产经营中，小规模的企业个体生产是主要的模式。荥经砂器企业和工坊的经营模式一般分为两种：第一种为传承人或手艺人自己创办的企业和工坊；第二种则是对地方手工艺有着充分兴趣并愿意发展手工艺的文化人所创办的企业。对于当地的企业而言，最终目标是在进行传统手工艺生产、投入市场销售、获得经济利益的同时，更好地实现荥经砂器的传承与创新，使之在现代社会继续发挥更好的作用。

荥经砂器的企业经营模式对探讨其他民间手工艺的经营与发展有着一定的借鉴作用，其优势在于：第一，多元的企业化经营，可以在手工艺整体式微、市场萎缩的情况下，更好地适应不同的市场需求，不同特点的企业生产可以对应不同的产品生产，扩宽了荥经砂器发展的可能性和多样性，也更容易发挥出手工艺生产所强调的个性和灵活的优势。第二，企业化的经营，更好地对荥经砂器手工艺进行了传承和发展。一般而言，不论以怎样的形式对砂器进行生产和售卖，客观上都是对手工艺的保护和传承。企业化的生产则是面对更大的市场需求，而这需要更多的手艺人来进行生产。它所带来的经济效益会吸引更多的人投身于传统手工艺的学习发展中，这无疑会对荥经砂器的发展带来好处。第三，多样化的企业模式所产生的品牌意识和创新意识，能够提升荥经砂器的价值，获取更大的利益和市场。在当地的经营中，生产单位的经营状况和主导手艺人的个人成就及声誉有着非常大的联系，个人声誉也代表品牌的声誉，手艺人与生产单位紧密相连。大多数企业的品牌建设是建立在对主要手艺人的宣传上，希望以个人宣传来带动品牌宣传。因此手艺人十分重视个人声誉，自然也会更加注重技艺的提高和品质的提高，手工艺人的地位有所提升有利于整个行业的发展。

但是，多样化的企业模式也存在着不足。第一，当地手艺人普遍文化水平不高，导致管理水平和相关设备仍处于比较原始的状态。当地的企业经营处于家庭作坊式的管理模式，没有较为科学的现代管理和制度，导致企业的发展受个人影响较大。如果个人能力不足，常常会导致企业生产效益不够高，甚至于倒闭。第二，不同企业之间发生恶性竞争。在当地拥有精湛技艺的手艺人仍然只占少数，产品的质量直接受到手艺人的影响，导致当地产品质量的优良不均，在一定程度上影响了荥经砂器的发展。也有些小型家庭作坊通过价格战和抄袭来抢夺市场，导致相互之间的恶性竞争，此类低水平竞争的情况现如今依然存在。

（二）博物馆：保护、展示与传播模式

"博物馆是征集、典藏、陈列和研究代表自然和人类文化遗产的实物的场所，并对那些有科学性、历史性或者艺术价值的物品进行分类，为公众提供知识、教育和欣赏的文化教育的机构、建筑物、地点或者社会公共机构。并且博物馆是非营利的永久性机构，对公众开放，为社会发展提供服务，以学习、教育、娱乐为目的。"[1]荥经当地政府介入经营的模式便是以博物馆为中介，进行砂器的保护、展示和传播。博物馆工作的内容主要分为两方面：第一方面是对荥经砂器的历史文化、文物或者是现代工艺品以实物的形式进行保护和整理，并将荥经砂器的制作技艺以可视化的形式展示出来；第二方面是将荥经砂器非物质文化遗产以数字化的形式进行存档和整理，以大数据的方式为后续的发展提供必要的支持。当地建有两种不同类型的博物馆，一个是"荥经县博物馆"，另一个是"108黑砂艺术村"。

荥经县博物馆是历史类的博物馆，其功能主要是展示各个时代的荥经文化，其中包括了荥经砂器，但并非专门针对荥经砂器的主题性博物馆。这种类型的博物馆主要采取静态文物和文字展板的陈列方式来展示砂器文化的历史，稍显单调和薄弱。108黑砂艺术村的功能更加灵活多样，它不仅承担着展览的义务，而且以一种现代化的经营方式来进行生产组织。"通过三年重建荥经县黑砂（荥经砂器）文化博览苑，已建设完成了黑砂非遗传习所、黑砂培训基地、创意设计中心等基础设施，将黑砂产业与文化旅游紧密结合，吸引更多的人关注黑砂文化、体验黑砂文化进而喜爱黑砂文化，为黑砂产业的发展提供了广泛的客户基础，使得荥

---

1 博物馆 [EB/OL].（2019-07-29）[2019-9-13].https://baike.baidu.com/item/ 博物馆 /22128?fr=aladdin.

图3-4　相关博物馆面貌
图片来源：何海南　摄影

经砂器的发展前景广阔。"[1]这是当地政府提出的预想，这也就表明它不再是单一展览性质的博物馆，而是可以同时兼顾好生产、设计、展览、观光等作用的综合性场所。在近一年的时间里，108砂器艺术村（图3-4）邀请了数批艺术家和外地手艺人，利用当地的工艺进行艺术创作，然后再进行展览和售卖。其中包含了与学校、企业合作，进一步开发荣经砂器，如与四川美术学院开展的"荣经七月"活动。

综合来说，荣经当地的博物馆对手工艺的保护、传播和经营，其优势主要在于：第一，博物馆有着人才优势。相较于手艺人而言有更高的学识能力，博物馆可以更加清晰有效地进行科学系统的保护和管理，并为后续的研究发展培养相关的人才。第二，对公众的教育性和展示性。博物馆有着展示优势，可以通过对非物质文化遗产所涉及的相关物件进行集中保护和展示，来吸引更多的群众了解和喜爱手工艺，以及通过数字化的手段，将制作的过程通过照片、录音、录像以及动画的形式与公众互动，突破单纯静止的展示。

但是，博物馆对手工艺的保护、传播和经营也存在不足。第一，基于荣经县当地的实际情况，大多数的保护还是静态的，

1 荣经县砂器情况介绍 [EB/OL]. (2016-07-29) [2019-4-13].http://www.yingjing.gov.cn/govopen/openInfo.cdcb?id=20160727105531-035104-00-00.

而并非在生活中对手工艺进行活态保护，因此这种保护没有生命力，也无法真正地发挥出它的价值。第二，荥经县博物馆单一性质的静态保护并没有产生太多的经济效益，其作用更多是保存非物质文化遗产，而非经济价值，较难推动当地的产业发展。第三，108黑砂艺术村虽然弥补了传统博物馆的缺陷，但由于发展时间较短，很多方面仍不成熟，需要继续找寻一条适合荥经砂器保护发展的道路，且其合作对象大多数是艺术家以及院校师生，而当地手艺人较难有参与感，尚不能完全激发当地匠人的创作活力。

三、由传统原始的售卖转变为便捷多样的荥经砂器销售方式

（一）改革开放前（清朝—1978年）

改革开放前，荥经当地采取背夫销售、相邻外县商家批发零售、当地供销社销售三种方式进行砂器的售卖。早期，荥经砂器的售卖主要通过背夫背到周边县城进行小数量的售卖，由于当地都是山路或是羊肠小道，所以只能全靠人力背运这种"清水货"[1]。砂器最远运输到成都及重庆一带，但基本仍是当地自产自销。初期，荥经砂器的售卖受到了当地复杂崎岖的地理条件以及本身易碎特点的限制，所以常使用人力的方式进行运输和售卖，但也无法大批量地销售到远方。"解放前，县境交通不便，运输落后，无论长途、短途，多人力背、调、抬运输。运输工具，货运主要有背篼、背架、木桶、扁担、鸡公车（独轮车）等，客运主要有轿子、滑竿等。其中，长途运输以背架、滑竿为主，常年有背茶包至康定等，往返月余。解放后，轿子、滑竿渐废，鸡公车、架车增多，50年代运煤至雅安多靠鸡公车。1958年起，架车增多，至1960年，全县架车576部，至70年代鸡公车多被淘汰，架车仍系重要运输工具。"[2] "背夫通过茶马古道，将传统器物售卖到远处，并且长期与店家保持联系，了解各种产品的售卖情

---

1 清水货即为砂器，是不能够被碰撞的易碎器皿，需要十分小心才可以平安地运送到目的地。

2 四川省荥经县地方志编纂委员会编.荥经县志 [M].重庆：西南师范大学出版社，1998：559.

况，从而提高了产品的交易率，有利于手工艺的发展。但此种方式过于原始，现因经济发展，道路逐渐便利，背夫这种职业已然消失。"[1]由于道路的开通，当地交通得到了一定改善，荣经砂器开始可以运往稍远的周边进行售卖。于是，外县的商家开始批发零售，这种方式在荣经砂器的售卖中起到了重要的作用。

荣经砂器在中华人民共和国成立后将手工业重新纳入管理系统后，得到了扶持和发展。1958年，当地砂器厂成立之后，用半机械化的大生产代替使用手工制作进行生产，依靠国家计划，所生产的产品由县供销社包销，无须担心售卖。但是在改革开放之后，供销社逐渐退出了包销的业务。直到1984年，供销社完全退出了砂器产品的包销，至此，荣经砂器经营者需要自己寻求销路，寻求市场的道路。

（二）改革开放后（1978 年至今）

如今，荣经砂器的销售系统基本可以分为现货、订购、网售、零售、展销会等多种方式。一般来说，大部分的作坊都会以接收订单和现货零售的模式为主，但有一些店面以网店销售为主。在这多样化的销售系统中，荣经砂器已经大大开拓了其业缘关系，当地的手艺人可以通过互联网的作用，链接消费者，使得消费区域不仅仅局限于周边，更可以扩大至全国乃至全世界。现货与订单的销售方式是荣经砂器经营商户的传统售卖方式，它具有普适性。采用这种销售方式的商户，主要售卖传统砂锅，或根据客户需求在传统砂锅的基础上进行一定装饰，但整体利润单薄，手艺人的相关收益也不够好，从而造成一定困局。

1984年后，荣经砂器走向了自寻销路的道路，出现了零售和展销会的销售形式。当地逐步开始走出去推销产品，并邀请外地客商来荣经参观以开拓新市场，砂器销量较以前有较大提升。1985年，荣经砂器的销量达到13.3万件，与1961年相比产量超出12倍。当时主要市场为广汉、重庆、云南、山西运城、陕西汉中。

---

[1] 四川省荣经县地方志编纂委员会编.荣经县志[M].重庆：西南师范大学出版社，1998：315.

网售则是近几年受到互联网的影响而产生的新销售方式，主要分为微信朋友圈以及淘宝、京东等渠道。2020年至2023年转向抖音、快手等短视频平台直播销售，其直播销售受App的生命周期以及热度影响，如2023年小红书新用户增长较快，景德镇青年手艺人近乎都有各自的账号进行营销，但荣经地区这方面略显滞后，一般而言，当地的手艺人普遍都使用微信及抖音与客户进行沟通及联系。他们将自己的工作过程以及新产品的照片及时地发在朋友圈内进行宣传和售卖，让交易变得十分便捷和有效。规模较大的传统老店往往选择淘宝和京东等网络手段进行商品售卖，他们线上店铺的经营会更加具有难度，并需要花费更多的成本与时间，因此当地并不普及。

总而言之，网络销售的意义在于"不断消弭传统手工艺因地域、生产规模、资金等造成的不平等"[1]。打破空间壁叠，它给荣经砂器的现代发展带来了契机，打破了之前人力售卖或是自产自销的局限性，开辟了一种新的营销渠道，给当地较为封闭的手艺人提供了一个更为简单、快捷、易学的推广展示以及销售的平台。通过互联网可以使地域性强的荣经砂器不再受到空间的限制，销售到更远的地方，扩大其受众的群体和数量。并且当地的手艺人可以更好地维护自己的品牌，增加创新及合作的可能性。

四、由单一生产销售空间转变为多空间于一体的物质空间

（一）具有生产销售功能的生产空间

"古代，荣经砂器作坊规模的一般设置是：原料加工、制坯作坊共两间屋子，一个炉坝，两个烧炉，共需人力12人。"[2]因此，在传统社会中，当地的生产作坊就是荣经砂器手工艺的生产空间，其功能单一，主要就是为了生产产品而存在，其次附加一些销售功能。近些年，关于荣经砂器制作和烧制过程的物质空间依旧延续其传统，是在自家房屋门店中完成的，多以"前店后

---

1 王燕.传统手工艺的现代传承 [M].南京：译林出版社，2016：154.

2 四川省荣经县地方志编纂委员会编.荣经县志 [M].重庆：西南师范大学出版社，1998：128.

坊"的形式出现。古城村中的房屋多为自建房，面积较大，适合将制作空间、门店和生活区相结合，只有极少人受到条件限制，才将窑口与店面分开。因此，这样的形式决定了当地手工艺物质空间的特殊属性。下文将以"曾庆红砂器馆"的手工艺物质空间作为代表，进行分析。

"曾庆红砂器馆"（图3-5）位于砂器一条街上，一进门便是它的门店，展柜中展示着各种各样的砂器作品。穿过门店的后门进入到一个空旷的场地，一侧是生活居室，另一侧是制作坯体的工作室，空地上可摆放坯体。再往后走便是窑室。穿过窑室，右转进入一条小道，路边便是新建的独栋工作室。窑室是生产空间，位于作坊后半部分的一个露天但有遮挡盖的棚内，空间较为开放。其中它的空间构造包括多个窑口——用于制作精细茶具的带有电动鼓风机的初级窑坑以及可移动的金属盖子；两个大型初级窑的釉坑以及一个单独的小型茶具釉窑。除去窑口之外，生产空间内还包括堆放用于釉坑的锯末和稻草，以及存放刚从灰釉坑中取出的垫圈和成品的区域。穿过棚中的走道，对面的较大空间是用于干燥和储存，等待烧制或转移砂器到展览廊的仓储区。

图3-5　曾庆红工作室
图片来源：何海南　摄影

---

* 曾庆红手艺人的门店名为"曾庆红砂器馆"，在当地的名气和规模都数一数二，且其店面发展具有典型性，所以以此门店为例。

由于当地制作砂器的工序烦琐，因此砂器所在的生产空间具有地域性特色。一般来说，窑室所在的空间承担了存放坯体、装匣、烧窑、开窑、检验、包装等功能，因此要求占地面积和空间较大。但又为减轻师傅的体力运输，所以在空间布局上会格外强调运输线路和储存路径的便利性，以减少不必要的劳力付出。

总体来说，曾庆红砂器馆的物质空间呈横向结构，保留了"前店后坊"的特点，生产空间仍然是其最主要的空间。但是，手艺人的生活空间和工作空间并没有严格的划分，他们将两者相结合，意味着民居成了生活兼顾生产的场所，以此节约时间和开支。不得不提的是，有些砂器作坊呈纵向结构，那么制作和烧制的空间将位于底层的空地上，如此类推其余空间。根据对曾庆红砂器馆生产空间特点的观察，发现荣经砂器生产空间的开放性在逐步增强增大。一般而言，之前荣经砂器的生产空间是较为封闭的，生产过程只对熟人开放，普通顾客或观光者甚至无法看到完整的烧制过程。但是，现在的生产过程呈开放性，来往的顾客或是观光者都可进内观看。生产过程的开放意味着生产空间不再呈封闭式，通过向公众开放生产空间，伴随一定的参与和互动，进而得到人们对手工艺更深的认知，大众也成了生产空间的构成内容，甚至可以由此发展出旅游观光业，打破空间的壁垒。

（二）具有文化功能的多元空间

荣经砂器手工艺的相关空间除生产空间之外，还包括了展示空间、销售空间、体验空间、学习空间等部分，呈现出一个统一的多空间组合体的面貌，而这些空间代表了新时代下荣经砂器多元空间的文化功能。曾庆红砂器馆的门店，是一个营销和展示产品相结合的场所，即展示空间和销售空间。在这里，荣经砂器不再是随意摆放在地上的普通器皿，手艺人用心地制作和改良，并且精心地摆放在展柜上，供顾客观览与购买。"在这种展示与销售相结合的模式下，展示就是一种直观的广告。展示的内容既会突出产品的商品功能，也更加注重展示内容的故事性和趣味性。通过对作品制作过程的呈现或背后所包含的民俗等文化的阐释，参观者更能够理解产品的功能和价值，并成为消费者。"[1]由此，门店内的装饰和气氛将会强化空间所独具的文化内涵与文化符号，从而更好地展示手工艺文化并刺激消费的产生。

新建的独栋工作室是曾庆红砂器馆的体验空间和学习空间。（图3-6）在体验空间内，前来参观的顾客可以根据自己的需求，体验制作砂器的过程，店主待烧制完成后，寄往所填写地址即可。体验空间带来的是趣味性和神秘性，参与者会对整个生产过程有更为完整清晰的认知，可增强两者之间的联系。学习空间为专业的院校师生或艺术家提供创作学习的场所。通常在支付一定的费用后，可居住于此，并进行一段时间的专业研究和艺术创作，同时店家会提供一些专业帮助。学习空间扩大了以往荥经砂器的制作群体以及产品类型。在这里，手艺人不再是当地唯一制作砂器的人，他们可以同前来学习的师生以及前沿艺术家进行相互之间的学习，交流想法经验，彼此之间产生理念的碰撞，从而打开荥经砂器产品制作的新思路。荥经砂器的多元空间，代表着"手艺人将手工艺的生产视为一种回归自我的途径，所以更加注重生产过程本身的乐趣与价值实现；把生产当作生活的一部分，

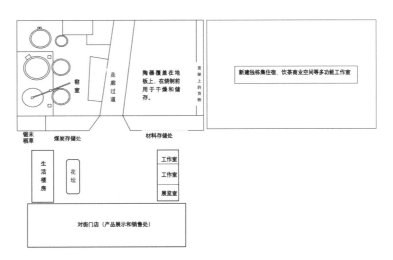

图3-6　曾庆红工作室生产空间示意图
图片说明：此图参考自Research into Coal-clay Composite Ceramics of Sichuan Province, China，加入笔者最新调查改动补充，等比例绘制而成。
图片来源：何海南　易欣　制

---

1 王燕.传统手工艺的现代传承[M].南京：译林出版社，2016：136.

所以就会把生产空间与生活空间乃至于社交空间、销售空间合而为一，注重空间给予自己以及顾客、到访亲友的舒适感。同时会强化空间所具有的文化内涵和特有的文化符号"[1]。

多元空间有着不同的意义，产生了文化功能，有别于以往荥经砂器单一使用功能空间。砂器不再是日常生活中只具有使用功能的器皿了，在这些空间中，它开始逐步承载着当地的文化属性和隐性职能，成为了文化符号。在本章中，以手艺人为出发点，重点阐释其活动方式以及群体结构的变迁。活动方式即当地技艺主体的传承方式，群体结构即指生产组织形态、经营种类、销售方式以及空间场域等。

手工艺得以长久存续的原因便是以手工艺人作为主体的继承与传播，这也是推动手艺发展最为核心的要素。由此，荥经砂器的传承方式是血缘与地缘的集合，其核心技艺的传承大多是以家庭传承为主，其次是师徒相授的形式。在家庭传承中，家庭是基础单位，它既维系了家族成员的构成，节约了劳动成本，又成为手艺人群体里最为牢固的关系。在传承过程中，内部隐性的传递方式也起到了非常重要的作用。在整个荥经砂器生产组织形态的发展中，由最初的小农户家庭手工业逐渐发展成了农村作坊、工场手工业和工匠手工业，但最终却未走向规模化工业化的发展，而是再一次回归到以家庭经营为主的作坊形式。这些家庭作坊并没有继续发展成规模性的现代企业，相反一直延续至今，保持一种较小的手工生产规模。部分随着时代的发展，增添了一些现代设备，以节约劳动成本和提高工作效率，但其核心技艺一直保持手工作业，并未机械化。对于整个荥经的文化发展和人文景观而言，这种"倒转"的现象反倒使得当初古老落后的窑房得到了保护和持续性利用，也使得该行业实现了传承。"某种传统工艺在某个民族、社区里长期流传，对当地民族和地域文化影响深远，并在周边社区产生了较大的影响，以致提到某个民族或区域，人

---

1 王燕.传统手工艺的现代传承[M].南京：译林出版社，2016：140.

们首先想到的就是这种工艺。在这种情况下，工艺就已经变成了一种文化符号，其象征意义将逐渐超出工艺本身的范畴。"[1] 作为在雅安地区长期留存，并对当地生活产生重大影响的荥经砂器，它已然不仅仅是作为器皿而存在，更是当地一种特定的文化符号。

　　具有文化功能的荥经砂器，它的经营模式从自产自销转变为多元共存，多样的经营模式，使得处于手工艺衰微、市场萎缩情况下的砂器，能够适应市场的需求。同样地，多元的销售方式和多元空间也成为荥经砂器发展的新助力。

1 万辅彬，韦丹芳，孟振兴 . 人类学视野下的传统工艺 [M]. 北京：人民出版社，
2011：250.

第四章

荥经砂器的造型装饰
与文化内涵

第一节 荥经砂器的造型及装饰

"在传统手工艺的本体的知识体系中，所谓的形态是指传统手工艺产品的最终表现形式。由形态所体现的中国的智慧以及审美理想的精神世界，是通过结构与造型、装饰等范式与规则来实施的。"[1] 这一节主要通过器具造型及装饰两方面来进一步认识砂器的手工艺文化知识。早期荥经县古城村地理位置偏远，交通不便，仅能通过茶马古道运输，因此满足人们的日常生活需求便成了砂器发展的重要推动力。20世纪80年代马高骧教授曾评论荥经黑砂："砂器属陶瓷硅酸盐这一范畴，以黏土加砂煤灰烧制而成，它具有质朴、无毒、无污染、耐酸碱抗腐蚀、生产方便、成本低廉等优点，因而古往今来，一直源远流长……荥经砂器其特点可归纳为精、坚、秀、亮几个字。"[2] 尽管如今对荥经砂器的认识有了更多的推进，在其产品种类中，砂锅依旧还是经典的造型。除了不同式样规格的砂锅之外，本地也使用黑砂生产日用的洗脸盆、洗脚盆或是煤炭炉子等产品。足见荥经砂器与民众日常生活实用需求结合的紧密度。

一、器具造型

（一）传统生产生活类

荥经砂器大致可分为两类：第一类为传统炊煮用具，以砂锅和砂罐为主，价格低廉，造型质朴；第二类为现代黑砂工艺品，以茶具、雕塑为主，制作较为精细，具有更高的艺术价值。地域性传统手工艺通常处于"熟人社会"中，往往服务于身边的熟人群体，故在制作的过程中多为部分群体的小批量生产。当地长期处于一种生产水平低下且交通不便的状态，所以砂器通常被制作成人们生活所需的器皿，如砂锅、砂罐、洗脸盆、洗脚盆、水缸等。当地生产者相对熟悉使用者的爱好特征、生活需求以及使用场所、场景，因而能够生产出对应相应需求的物品。

---

1 徐艺乙. 手工艺的传统——对传统手工艺相关知识体系的再认识 [J]. 装饰, 2011（08）：58.

2 马高骧. 闪光的砂器——谈四川荥经砂器新貌 [J]. 陶瓷研究, 1988（03）：11-12.

表 4-1 砂器类型表

类型	规格大小	形状	颜色	用途
大砂锅	高 30cm，口径 27cm	圆柱形		炖煮食物
小砂锅	高 22cm，口径 27cm	圆柱形		炖煮食物
筒子砂锅	高 18cm，口径 20cm	圆柱形		炖煮食物
砂瓢子	高 10cm，口径 20cm	圆形、常把		熬汤、熬药
煨罐	高 22cm，口径 27cm	圆柱形	银色	煨汤
坦砂锅	高 12cm，口径 32cm	圆形		煮熬食物
砂钵钵	高 6cm，口径 18cm	形状如碗一样		煮米线
鼓子砂锅	高 22cm，口径 27cm	形状如鼓		炖煮食物
汤圆砂锅	高 15cm，口径 30cm	签盒形状		煮汤圆等
甄子砂锅	高 22cm，口径 27cm	圆形		蒸饭
砂甄子	高 30cm，口径 20cm	罐形		蒸饭
砂烘锅	高 20cm，口径 35cm	圆形		烘馍
大砂炉子	高 30cm，口径 30cm	圆形		烤馍
大砂抬炉	高 12cm，口径 32cm	无		用于烤饼类食物
盘盘炉子	高 40—40cm，口径 30cm	无		用于烤火
水缸	高 40—50cm，口径 40—50cm	圆形		装水
砂洗脸盆	高 15cm，口径 30cm	无		洗脸
砂洗脚盆	高 15cm，口径 30cm	无	银色	洗脚
尿罐子	高 20cm，口径 18cm	无		施肥工具
药罐子	高 20cm，口径 18cm	圆柱形＋把子		无
砂水缸	高 40cm，口径 30cm	圆形		装水
花盆	高 9—14cm，口径 10—50cm	圆柱形		栽花
兰花盆	高 20cm，口径 19cm	无		料养兰花
香炉	高 10—60cm，口径 15—17cm	圆形带脚		烧香
家禽食盘	高 12cm，口径 32cm	无		无

砂杯、茶壶、节煤炉、蜂窝煤炉、砂火锅、茶壶、火钉子等

表格来源：何海南 制

1. 砂锅

近千年以来，中国人一直保留有烹煮食物的习惯，砂锅这一器具常用于人们日常生活中炖煮食物。砂锅依旧保留了"釜"的造型特征。传统荥经砂锅从其口沿造型上可分为直筒型、敞口型、小口型，若根据耳的类型则可分为抬耳型和圈耳型两种，都作炖煮之用。砂锅体积偏大，整体器身线条流畅、饱满、浑圆，表面略微带有粗砂的颗粒感，器身的厚度在一厘米至两厘米之间，重量较重。砂锅的不同烹煮用途亦可以导致其形状结构的不同，所以荥经砂锅器型多样。

用作炖食的荥经砂锅常为直筒型、敞口型或是小口型，或器身圆球鼓腹，整个砂锅的容量可在三至二十五升之间。不同大小的砂锅既可用作家用，亦可商用，但都符合"精、坚、秀、亮"的美学特征。用作煮食的荥经砂锅，整体呈盆状，为小圆腹，整体高度比炖食砂锅低，约为其二分之一或三分之二，多以厚重双式抬耳为主。

2. 砂罐

与砂锅相比，砂罐（药罐）在使用功能上相对单一，作为熬制中草药的容器，使用模具大批量注浆制作，价格低廉。因此，造型的变化小于砂锅，且通常不会再辅以过多的装饰，以此节约成本和时间。但是，在荥经当地通常以药罐作为代表的砂罐，仍然保留并延续了传统的古老器型，呈现出古拙的厚重感。砂罐整体制作较为粗糙，器身较高，器型轮廓简单，表面常伴随有颗粒物或气孔，手感较为粗糙。当地的砂罐多以三升至四升的容量器型为主，整体壁厚大约在一至两厘米之间。

《荥经砂器器型探微与演进思考》一文描述砂罐："其器型为上下结构，上部为内扣于罐口沿的砂罐盖，带提手和排气孔；下部为砂罐主体，罐口略带唇沿，唇沿设便于引流的外槽嘴和内槽嘴，罐身腹部饱满且曲率变化小，底部平坦无圈足，无民俗样

表 4-2　传统荥经砂锅造型种类表

类型	名称	基本器具造型
直筒型	抬耳砂锅	
敞口型	单把砂锅 抬耳砂锅	
小口型	圈耳砂锅	

表格来源：何海南　制

表 4-3　传统荥经砂罐造型种类表

类型	名称	基本器具造型
侧把式	中药砂罐	
单耳型	土砂罐	
双耳型	双耳砂罐	

表格来源：何海南　制

图4-1 其他现代工艺品
图片来源：易欣 摄影

式堆贴装饰。"[1]此外，砂罐还有无盖的形式，以便于中药熬制，器身上无其他多余结构，仅在砂罐两侧装有单环耳、双环耳或单把手等部件，常以手搓来制作，简单方便快速。

（二）其他现代工艺品

在近些年里，随着我国中产阶级群体崛起的状态趋势和旅游业的发展[2]，荣经当地的手艺人也因为生活方式及需求的改变以及外来陶瓷制作的影响，逐步对传统荣经砂器进行改良，制作出更受大众喜爱的荣经砂器。目前市面上的荣经砂器的造型多以砂锅、药罐之类的实用器物为主，古朴大方。但是，越来越多的手艺人和设计师开始为荣经砂器注入新的色彩，从传统产品转变为新工艺的生产。生产工艺砂器制品成为现代荣经砂器的主流，如茶具系列、民俗系列、历史系列、摆件系列的雕塑，还有餐具系列等类型（图4-1）。

二、装饰题材

人类的需求存在共性与个性，共性是手工艺器物需要满足的最基本的生理需求和安全需求，个性化需求会要求达到寻求内心自我的满足与愉悦。追求器物的装饰美是为了满足人们的精神需求和情感需求，并且以物质形态为中介呈现。荣经砂器中的装饰图案是以当地人通过自己生活中的生产实践所产生的精神追求作为灵感来源，从而表达对美好生活的追求和渴望。"装饰"从内容与形式上都是人们的智慧和文化精神的体现，都留下了丰富的生活信息和人文文化，其中蕴含共性与个性化审美。

在荣经砂器早期的发展中，多数产品以该地区人们的日常生活用品为主，如砂锅、药罐、煤炉等。就功能而言无需太多装饰，故多素面，以适宜取胜。随着人们审美的提高，工匠逐渐利用简单的工具来制造纹饰以进行装饰。在20世纪80年代左右，受到外来文化和商业需求变化的影响，逐渐在砂锅盖上贴龙纹、金鱼纹以及熊猫等简易纹饰，以增加其趣味性，打破旧有的单调。

1　苟锐，谭丽梅.荣经砂器器型探微与演进思考 [J].装饰，2017（08）：100.
2　易欣.设计＋互联网，助力供需精准对接 [J].美术观察，2020（05）：26-28.

在长期发展的过程中，当地工匠积累了对周围环境的认识和了解，通过对大自然元素的提炼和模仿，运用在荣经砂器的装饰纹样之中。近年来，青年匠人更是融入了自身的文学素养、赋予装饰更多人文内涵。总结其装饰题材主要为动物、植物、几何三大类。这些纹饰具有浓厚的人文与自然主义精神。但荣经砂器是价廉物美的民间日用产品，这也决定了不会有太多的华美装饰，更主要是依靠银黑色的整体视觉效果以实现质朴古拙、浑厚庄重的审美体验。

（一）动物题材

图腾崇拜是原始社会中人们对于大自然的好奇以及敬畏，当遇到艰险时，希望通过自然神灵来保护自己以及家人，从而减少大自然所带来的危难与痛苦。手艺人多选用当地崇拜的、寓意吉祥的喜爱动物作为刻画纹样的模板。荣经砂器在装饰和造型中常常用到动物纹样，最为典型的便是中国人熟知的龙纹。当地的龙纹，刚强劲健又生动活泼可爱，富于变化，最为畅销和代表的便是"龙砂锅"。除了龙纹之外，还运用大象、四川工艺品上最常见有代表性的熊猫、金鱼等元素。

（二）植物题材

荣经砂器多采用梅、兰、竹、菊、荷等植物作为装饰题材，还有一些当地常见的花卉作为装饰。使用当地的自然植物的具体

表 4-4　动物类题材示意图

龙	熊猫	金鱼	小狗

表格来源：何海南　绘

表 4-5　植物类题材示意图

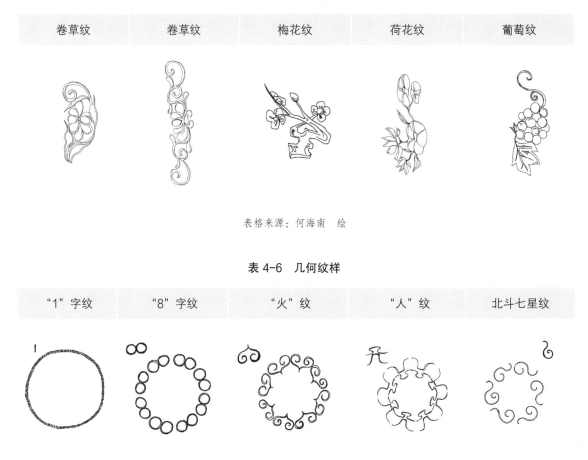

卷草纹	卷草纹	梅花纹	荷花纹	葡萄纹

表格来源：何海南　绘

表 4-6　几何纹样

"1"字纹	"8"字纹	"火"纹	"人"纹	北斗七星纹

表格来源：何海南　绘

形象来体现其背后的亲近自然之含义，因此带有了更多隐喻和文化性。梅和竹寓意着美好品格，葡萄寓意着多子多福，为中国传统装饰所喜见的常用题材。

（三）几何纹样

几何纹样在荥经砂器的装饰中也非常流行，多为"1"字纹、"8"字纹、"火"纹和北斗七星纹，多出现在砂锅器身的上端或是盖子的四周，制作便捷且富有装饰感。

第二节　文化内涵

所谓文化内涵，指器物表现了何种性质之美，及其价值体现。通过对荣经砂器的材料、技艺以及造型装饰进行分析解读，可知晓其具有实用性、文化性、审美性的文化内涵。

一、实用性

柳宗悦曾指出："所有的工艺都产生于用途，真正的工艺之美，亦应该从实用的器物中去寻找。"[1]"物的存在价值，不在于物的本身，而在于物与人的关系为人所感，为人所用，为人传递信息"[2]，作为"物"存在的荣经砂器的首要价值便是实用性。在现代生活中，虽然需求会随着时代发生改变，但其功能所体现的实用性价值仍发挥重要作用。具体体现在荣经砂器的耐用度、广泛度、价廉度三方面。

（一）材质的耐用度

丰富的自然资源是荣经砂器发展的重要前提，也正是因为对自然材料的高度依赖，为使材料发挥最大作用，尽可能地延长使用时间。同样地，使用者也格外注意每件砂器的质量和品质，在使用的过程中倍加珍惜。

当地的李姓老人提及："我在芦山的一户人家里看到了他家的砂锅油光水滑的外表，很好看，但是就是在接近底部的地方，补了两个铜钉，我就很奇怪，问老人家说你家的砂锅很好看，为啥子还要补钉子？老人家都八十多岁了，回答我说，这个是我家用了好多年的东西了，我小的时候就看见家里在使用了，后来出现一条缝，舍不得不要，才请补碗的帮忙补了两个钉子，继续来用。我用了之后啊，就擦干净，翻转过来，底朝上放在一个麻布垫子上头。"荣经砂器作为日常炊煮用具使用寿命较长，出现了损伤修补后可继续使用。修复后的砂器又可以一代传一代地保留下来，仍没有到需要丢弃的地步。这满足了在传统的造物思想中，成为"良器"的首要条件——品质的优良。荣经手艺人在制作的过程中不敢懈怠。白善泥的可塑性和结合力较好，砂器在干

1 ［日］柳宗悦.工艺文化［M］.徐艺乙译.桂林：广西师范大学出版社，2011：182.

2 ［日］柳宗悦.民艺论［M］.孙建君译.南昌：江西美术出版社，2002：8.

燥过程中不易开裂变形。而在白善泥中加入适当的煤灰渣则是为了砂器在烧制过程中不会因为温度的升高而炸裂和变形，一定比例碳渣的加入则是使烧制后的砂器能够更加坚固耐用。这样混合的泥土成型烧制后才会呈现最佳的效果，满足人们对于实用性的追求。

"工艺的使命是有效地利用材料的神秘因素，优秀的作者往往能够充分发挥材料的作用，材料在技艺的发掘下能够充分显露出自然之美，工艺是材料与技艺的结合。"[1]选取制作原材料和技艺的好坏，会直接决定产品质量的优良，而所谓的"材美工巧"也正是体现在这一点上。当地的手艺人能够正确地了解材质性能，保持对材料忠诚的态度，从而制作出更好的器物。

（二）用途的广泛度

荥经砂器大致分为两大类别：第一种为日常生活传统炊煮用具，以砂锅和砂罐为主；第二种为现代黑砂工艺品，以茶具、雕塑为主。砂锅和砂罐是其代表性物件，造价低廉。但除了这两种器物之外，"大到装水的水缸，小到喝茶的杯子，又或者是任何具备装盛功能的物品都可以使用砂器制品"[2]。手艺人会根据不同时代和客户的需求进行创新和改造。与曾庆红的交谈中得知，"在以前的荥经县六合乡曾经有过养兔子的风潮，当时养兔剪毛卖的人很多，所以做起了兔碗，销量相当好。但是没过几年，养兔子不兴了，兔碗销量就大不如前了。到了90年代的时候，我们这里又开始种植兰草，非常风靡，所以又改做兰草花盆了。当兰草花盆不行了的时候，我们又做回到原来的生活用品上面来，砂器的用途广泛得很噢！"传承至今，在当地仍然可以找到这些各类用途的器物，可以说荥经砂器伴随了当地人的一生。

进入现代社会，虽然荥经砂器的使用人群在不断缩小，但其实用功能并没有因此而完全消退，它仍然在手艺人们的坚持下充满生命力。目前，荥经砂器的发展通过注入艺术的色彩，推出了

---

1 ［日］柳宗悦.工艺文化［M］.徐艺乙译.桂林：广西师范大学出版社，2011：125.
2 荥经县人民政府.荥经砂器志［M］.内部资料：50.

更多的用途，生产工艺砂器制品成为另外一条道路。其中包括茶具系列、民俗系列、历史系列、摆件系列、大型生活陈设用品系列等，产品类型从传统的日常生活用品扩展到工艺美术品及艺术品的范畴，使用场景十分广泛。

（三）器具的价廉度

作为当地的主要生活器皿，它与人们的生活息息相关。当地使用者谈道荣经砂锅最大的优点就是能保持食物的色香味，盛放较长时间，食物不馊不腐，由于导热慢，需微火久煮，水分不易蒸发，炖肉不缩汤、不失质，肉香汤鲜，熬煮汤浓味长，烧开水泡茶味道也特别好。荣经砂器的材质与造型决定了它的平价性，采用天然黏土和煤灰渣所制造的器具，充分地发挥了材料与工序的最优化，避免了对食材的伤害。在一份当地官方档案《申请一九九一年省优质产品简介表》里，详细记载了砂器的技术特点："采用本地优质黏性泥和精选煤灰渣作原料，经高温（1200℃—1300℃）焙烧上釉制成。经省有关技术部门鉴定，该产品耐高温，抗腐蚀，不氧化，作炊煮用具同食物中的酸、碱、盐不发生任何反应，不产生对人体有害物，能有效地保持食物的营养成分。尤以熬中药不走药性著称，优于其他金属炊具。"[1]从这份档案中，可以看出当地官方对荣经砂器推向全省及全国市场的重视，但考虑到时代等各方面的局限（对煤灰渣具有一定放射性因素的认识不足），赖于砂锅在当时的成本低廉，得以满足周边以及更多人群的基本生活所需。

二、文化性

"某种传统工艺在某个民族、社区里长期流传，对当地民族和地域文化影响深远，并在周边社区产生了较大的影响，以至提到某个民族或区域，人们首先想到的就是这种工艺。在这种情况下，工艺就已经变成了一种特定的文化符号，其

---

1 参见：《申请一九九一年省优质产品简介表》，文献形成时间，卷宗号，荣经县档案馆：35-36.

象征意义将逐渐超出工艺本身的范畴。"[1] 荥经砂器作为在雅安以及西南地区长期流传，并对生活产生持续性影响的器物，从某种意义上就已经成为一种特定的文化符号。作为日用器具的荥经砂器在当地人的生活中，是一种由文化串联起来的叙述架构，而它的文化内涵搭建了其赖以生存的基础。传统手工艺深入到当地生活中的方方面面，不仅仅包括了其生产方式、行业行规、民俗习惯等，甚至还涵盖了其艺术价值等内容，其中包含着人与器物之间的关系。作为文化符号的荥经砂器手工艺，其文化内涵主要体现在两个方面：其一，制作砂器时各种的仪式；其二，工艺完成之后所参与到的精神文化生活。在拜师和烧窑等时刻产生各样的民俗活动和规矩，大致与陶瓷行业相仿。人们利用砂器创造出了当地具有很强地域性的美食，如砂锅粉、雅鱼等特色小吃菜肴。由于器皿的特殊性也造就了当地美食文化的独特地域属性，是其文化功能。

三、审美性

（一）色：质朴豪放

荥经砂器的制作一直遵循传统，无论是器型装饰还是工艺手法都与2000多年前大致相仿，在整个风格上也深受历史的影响。它的烧制定型于秦汉时期，至此传承流行下来。在《汉书·律历志》中曾有这样的记载："今秦变周，水德之时。昔秦文公出猎，获黑龙。此其水德之瑞。"[2] 因此，秦汉时期，人们"尚黑"的审美意识存在已久，黑色被视为崇高的颜色。砂器色泽丰富，以银黑色为主，或因烧制手法不同，表面上含有青红褐色，表面脂润。银黑色泽的形成则是因为在泥料中巧妙地加入了煤灰渣，经过高温烧制后呈现银黑色。颗粒感的材质会给人一种豪放质朴的触感，发挥了黑砂独有的美感。荥经砂器既充分体现了自然材料的泥性，又突出了黑砂泥料烧制之后独有的肌理触感。泥料的质感、触感、烧制产生的自然颜色变化和烧成色泽的浓淡皆成就了它颜色尚黑、质朴豪放的审美特点。

1 万辅彬,韦丹芳,孟振兴.人类学视野下的传统工艺 [M]. 北京：人民出版社,2011：250.
2 （汉）班固.汉书·律历志 [M].北京：中华书局，2013：973.

（二）型：古拙中庸

荣经砂器制作手法简单豪放，非贵族艺术品，是民用实用品。正因实用性强、材质耐用、平价等特点，更多地作为炊煮用具出现在当地的厨房中。它不追求器物的精美和精巧，也不强调独特的个性美，更多是以古拙、质朴的造型以及技艺优良的实用功能被群众认可。荣经砂器的器物造型大多线条清晰流畅，整体丰满圆润且不失简洁，给人质朴古拙、浑厚庄重之感。器具主要分为砂锅和砂罐，没有太突出的形式，造型服务于功能。装饰上简单朴素，以局部点缀自然纹样或几何纹样为主，视觉形式上低调。整体来说，荣经砂器是价廉物美的民间日用陶，依靠银黑色的整体效果和流畅的造型来达到整体的审美体验，形成了造型装饰简单、古拙中庸的风格。

（三）烧：卓然天成

荣经砂器的烧制技艺，充分发挥了手艺人的个性和创造力，原料的质地和对原料的驾驭能力决定了成品质量的好坏，对原料的驾驭能力是手艺人的安身立命之本——技艺。荣经砂器的烧制技艺略不同于其他常规烧制方法，属于高温乐烧，需要经过主窑室的氧化焰升温烧制和副窑室还原焰焖烧降温两个过程的配合，才能在1200摄氏度左右的高温下烧制出砂器。这样独特的技艺过程，是手艺人、器物、火的交流活动，也是一场天人合一、卓然天成的表演艺术。

烧制是整个制作过程中的点睛之笔，是手艺人的智慧结晶。当地人也通过这种非正式教育的方式，将荣经砂器中的自然科学、历史文化、工艺技术、美学特征等方面的知识得以传承，从而提高其创造力和想象力。荣经砂器手工艺发展的核心技艺，即工艺技术与造型装饰艺术是其工艺承续的核心保障。在本章中，重点阐释了荣经砂器的技艺部分，分为两个层面进行叙述。第一层面对其制作所需的材料、技艺的方法手段、生产设施以及工具系统进行了系统性讨论，第二层面对砂器的造型以及装饰进行了较为清晰的描述。最后综合以上的两个部分总结出荣经砂器以"实用性""文化性""审美性"为主的文化内涵。

工艺，是劳动者利用生产工具对生产对象进行加工或处理，使其成为产品的方法与过程。柳宗悦认为"为实用而创造，为实用而服务，这是工艺之本"[1]。了解一种手工艺，不单单是了解其表面的因素，更应去了解其本体所体现和所依托的知识体系，及背后的深层关系。手工艺是一种生产活动，是造物的过程。在长期的造物过程中，体现了传统手工艺的两大特点：一人们在进行手工艺活动时，会形成对原材料以及生产地的自然知识的认知体系，从而达到"天然合一"的状态；二在生产活动中，会形成一套相对完整严格的工艺系统，以及工艺标准和认知。在这些基础上，其技术价值不但传递着手艺人的主体经验，规范着主体的活动面貌，并且形成了一套合理的社会伦理和价值体系。

手工艺所依托的生态伦理基础是对自然的敬畏，尊重自然，敬畏材料的天然属性，秉持货真价实的生产原则。生产者和自然环境、生产者和生产者之间都形成了相对稳定且紧密的合作性关联，依赖于彼此之间的默契与原则。从荣经砂器手工艺的技艺体系来看，其核心技艺中的成型和烧制工艺被当地的手艺人传承，未做太多改动，也未被外来的制瓷技艺所全部替代。与之紧密相连的生产设施及工具系统也未有太大的改变。对于砂器的造型和装饰而言，当地也保留了传统器型和装饰，并未因为时代的快速发展就将之全部抛弃，但在新的审美下，也根据人们新的需求而扩展了荣经砂器的新用途。就此而言，荣经砂器的文化根性从未断裂，这也是技艺链从未断裂过的内在原因，当人们提起荣经砂器时仍然记得它的传统独特风格及面貌。

---

1 ［日］柳宗悦.工艺文化 [M].徐艺乙译.桂林：广西师范大学出版社，2011.

第五章

荥经砂器的技艺群体

　　既有的传统手工艺研究较多关注工艺本身，但匠人群体也是本书研究的重点，甚至是未来更进一步深入研究的核心，相关研究及应用更应明确围绕器物研究中的"人"为其根本。荣经砂器的技艺创作者，多以家庭出身、学历背景以及地缘分布、技艺沿袭、高校师生等分为若干创作群体类别，各自以不同的模式创作经营。本书对该青年创作群体进行了针对性的访谈，尤为关注这一群体近年来的新变化，围绕其共性、创作经营现状和困境，以及由粗放发展向高质量发展阶段转变中所面临的各种挑战等问题进行讨论。提出在荣经砂器未来的发展之中，手艺人的身份可愈加多元，职业名片与身份也将更加多样，多重身份将会叠加在个体工匠之上。他们既可是手艺人，也可同时为店主、老板、商人、网红、媒体人、学者……网络时代他们的职业形态及工作模式也发生了深刻的变化，互联网正在逐渐改变手工艺系统的信息传递结构及组织形态，各个创作群体之间交流与合作的可能性也在增大。

第一节　不同类别创作者

一、独立或两人合伙经营者

　　年轻人单独开店，这种类型的经营方式在荣经当地仍不多见，仅有两三家，且规模不大。一般而言，采取这种方式开店经营的多为二三十来岁、具有一定知识文化水平的年轻人，大多数是曾经学过陶瓷或是在本地作坊中拜师工作学习过，再各自单独经营。

　　它是与个体小作坊有所不同的独立工作室。一般来说，他们不太熟悉当地的传统烧窑方式，也并不熟练传统的制砂手法，但是偏重于当地材料的使用与创新，作品多数采用现代电窑或是送往别家的门店进行烧制，又或者是自家建窑请当地师傅烧制。在田野调查过程中，笔者2019年底采访了青年创作者郑文鑫，他的新工作室当时刚开业两月有余："我是本地人，今年大学毕业，学的环艺，但是从小就非常喜欢砂器，受这边的影响很深，所以

图5-1　郑文鑫工作室2019年品牌"故里"及作品
图片来源：何海南　摄影

就想回家来发展。我从暑假开始就在曾师傅那里学徒，因为之前从来没有接触过，所以还是想先来学习下。然后学了差不多大半年嘛，就想自己出来试一下，也是因为自己的一些发展方向和目标跟师父的想法有点不一样。我现在的这个工作室是和朋友一起开的，但是主要负责人还是我个人，做的也是茶壶这种更高端的产品（图5-1），刚开始比较难，现在就好些了。宣传的话还是靠微信朋友圈和出去参加集市之类的，主要是这个东西和其他的不一样，所以也还是比较吸引人的。慢慢来，我还是想多好好学习和发展这个东西的。"

　　郑文鑫出生于1995年，2014年夏天考入四川音乐学院成都美术学院。因家境清贫，升入大学后他在学习专业环艺知识的同时，积极勤工俭学以补贴生活。2016年暑假，他应一位学长邀约到学长开设的陶艺吧勤工俭学，负责打扫卫生等。"看着泥巴在自己的手上不断变成各类陶器，一股成就感也涌上了心头。"有一日陶艺吧客人较少，郑文鑫便抱着尝试的心态，开始了制陶的初次尝试。此后，对陶艺兴趣渐浓，在大学期间成立了陶艺社团，并师从荥经砂器代表性传承人曾庆红，为返乡从事黑砂行业奠定了基础。在大三、大四的两年中，郑文鑫一边完成学业，一边利用课余时间练习拉坯技术，并熟悉泥性。同时，他还多次组织大学陶艺社团的成员到荥经游学，近距离感受黑砂文化，又在学校举办砂器展。在他的努力下，"荥经黑砂"被越来越多的人所知晓。毕业前夕，郑文鑫前往景德镇参访。当地完整成熟的制

图5-2 郑文鑫工作室2023年品牌"荥匠坊"及其本人工作照片
图片来源：郑文鑫 提供

瓷体系让他深感震撼，同时也让他意识到，家乡的荥经砂器有着巨大潜力和发展空间。出于对制陶这门技艺的喜爱，与对家乡的建设热情，他义无反顾地响应政府号召，带着实战经验和满腔激情回乡创业。四川雅安市创新创业服务中心曾对他的工作经历进行了宣传报道。[1]

2023年笔者再赴荥经，对郑文鑫的最新创作经营状态进行了调研，发现如下变化：创作者郑文鑫依旧保持饱满的创作热情，重新进行了品牌设计，改名为"荥匠坊"，并注册了品牌，也有了自己的窑（图5-2），创作砂器（图5-3）之余还拍摄作品照片、微信发布推送、文案撰写、制作小视频等，一人身兼数职，既要进行创作，也要进行宣传。2023年交了女朋友后，女友为他分担了一部分销售工作，更有助于他工作室的良性运营。历经5年多的发展和积累，"荥匠坊"品牌有了一定的运营经验，也沉淀了一部分客户，这主要得益于网络，尤其是抖音、腾讯小视频、小红书等平台的崛起，以及近年的饮茶热潮，让他的作品能够跨越空间的障碍，面向全国消费者进行销售。

这类以独立工作室进行生产的形式，往往规模较小，但可充分发挥个人创造力和个性审美。比较常见的是生产自己所设计的产品或是私人定制的礼品等，以实用器皿和艺术品为主，一般不生产当地传统砂罐和砂锅。他们十分注重自己的品牌，有较强的

1 创业故事汇郑文鑫：传承砂器技艺，践行匠心精神 [EB/OL]. （2021-11-18）[2023-8-8]https://mp.weixin.qq.com/s/emuh44fPhe5ljJal1iNTfA.

图5-3　郑文鑫工作室2023年品牌"荥匠坊"各类新款茶壶、咖啡杯
图片来源：郑文鑫　提供

品牌、知识产权保护、营销意识，因此会比一般的手艺人更加注重荥经砂器的历史与文化的开发，希望通过适当地改变传统砂器的原料或者功能，并加入新的设计来吸引有一定自身审美认知的人群。

二、店主兼创作者

"老板兼手艺人"的这种经营模式在荥经古城村中是主流，将近50家的店面中有五分之四都是以这种形式存在的。在了解为何是如此情况时，一位手艺人说道："即使是单做工也只是在帮别人打工，发展的前景远远不如自己当老板来得好，而且开了门店之后家里的闲散劳动力也可以帮忙，解决了部分就业问题。"老板兼手艺人的双重身份，既满足了当地人的自身发展问题，又可以节约成本，多多盈利，并且可以带动整个家庭的就业。

一般而言，这类经营模式的门店（图5-4）在进行生产时，通常是集中于大众化的日用品，即荥经当地传统的砂锅砂罐的生产上。由于其经营者的特性，所以基本上是坚守传统的门店，无论是产品功能、基本样式，又或者是生产技艺和营销模式，都基本保持传统原样。他们的使用者和消费者都呈现相对稳定的状态，通过多年的积累，保持网络的联络下，许多客户会形成较固定的供应关系。但是问题却在于面对现代化的生活，需要不断创新，以改良来吸引年轻群体的注意和适应更多年轻群体的生活。

图5-4　相关店铺面貌
图片来源：易欣　摄影

　　代表创作者卢奎，男，30岁，已婚，育有一女，四川遂宁人，父母务工，15岁入伍，5年后20岁退伍，后进入成都四川沫若艺术院工作。卢奎始终认为，自己需要掌握一门"一技之长"才可在社会立足，在前一辈将荣经砂器的艺术价值不断提升的大背景下，后在工作考察的众多项目中选择了荣经砂器，决定辞职进入荣经砂器这一行业。随后于2013—2018年跟随"荣窑砂器"的创立者叶晓学习5年，于2018年自主创业5年，至今从业已10年，目前注册了"大土"公司，创立了"荣山烧"品牌（图5-5）。他的作品主要是茶具，不再做传统的砂锅这种器型，作品主要偏日式侘寂风格审美。他的目标是要做"符合当代人审美，在保留传统特色的基础上融入现代社会需求的作品"。

三、流动性强的临时创作者

　　从农村来打工的父子兄弟对应的是流动的手艺人，自己有制作砂器的技术，但并没有太多的资金去开作坊，同时也不想承担过多的风险，于是就主动去街上的门店打工，以此赚取纯利润。通常而言，他们工作时间自由，只需完成当日的工作量即可。假

图5-5　卢奎和他的店铺及作品、工作室
图片来源：易欣　摄影

若碰上家中需要做农活时，亦可待农忙结束后继续返回打工，从业时间和形式较灵活。

四、独家技艺垄断的传承人

此种类型的经营方式，通常是当地传承了几代的老手艺人所开办的作坊，他们在某个重要环节掌握了无可替代的技术，且当地其他手艺人无法与其比拟竞争。这样的店铺一般经营时间较长，通常都有两三代人的积累。由于对关键技术的掌握，所以在当地具有非常强的竞争力。相对而言，具有独家技艺的老店，一般生产规模较大，发展较好，有财力及意愿扩大砂器的种类和价值。

这样的作坊代表中曾庆红砂器门店与朱氏砂器门店规模最大（图5-6），两家具有许多相似之处。祖辈都是当地做砂器的名人，现在门店的坊主也都是荣经砂器的非物质文化传承人。他们

图5-6　相关店铺朱氏砂器面貌
图片来源：易欣　摄影

图5-7 相关店铺朱氏砂器的青年创作者
兰竞松正在创作
图片来源：易欣 摄影

在坚守传统的同时也在积极创新，寻找新的发展。曾庆红本人通过做荥经茶壶来丰富砂器的种类、提升价值以及审美趣味性，同时提高传统砂锅的质量，进行技术更新；朱庆平则是通过新的营销模式以及新产品的开发来发展砂器。但对于技术的垄断而言，古城村中的手艺人一般偶尔走动串门，多数时候都是独自作业。因为独家的技艺就是他们得以生存下来的法宝，所以相对而言，他们比较保守，在一起时基本不交谈核心技艺。

兰竞松（图5-7），男，29岁，四川雅安荥经人，入行5年，在老字号朱氏砂器工坊从事制作。恋爱中，女友也是同行，一般学员从开始学到能够计件产出，平均需要两年，而兰竞松只学了一年就达到了这个水平，朱氏砂器传承人朱庆平对其评价：上手快、爱动脑。兰竞松敏锐地察觉到并抓住了荥经砂器的几次发展机遇，第一次是由日用品转变为旅游纪念工艺品，而当下则是由旅游纪念工艺品向艺术性更高的消费品转变，他认为务必把握住当下这次大众需求转变的机会对过去的砂器进行改造转型，从产品品类、功能及审美上都需要改变，但同时又不能丢掉根本。

五、有营销意识的第二代经营者

一般来说，这种形式的门店是当地传统老店的二代发展。大多数传统的砂器手艺人知识文化水平不高，只能熟练制作传统器型的砂器，并没有太多的创新意识。但是他们的后代拥有更多的思考学习的机会，大多数都受过良好的教育，甚至留学国外。当这些手艺人二代回来学习经营时，他们会受到更多精英文化的影响，会试图去提升传统砂器的价值，改良其形制。他们也更能够观察与理解当下消费市场的需求，不是固有地维持传统的一切形式，会对传统做出改变，以此适应现代中产阶级的生活方式。

"叶江工艺砂器馆"（图5-8）是当地成功转型的典范。叶江是传统的砂器老手艺人，拥有精湛的技艺，新门店的经营大多是由女婿谢晓明和他一起来打理。与当地其他门店不同的是，他们试图改变、更新、延伸技艺以及产品功能，并且采取现代化的营销方式和设计理念来经营门店，在实体店的基础上还创办了网

图5-8　相关店铺叶江砂器面貌
图片来源：何海南　摄影

图5-9　相关店铺曾氏砂器曾庆红和曾雨露、余学铭正在直播
图片来源：余学铭　提供

店"陌上炊烟"，以此扩展销售渠道，但2023年该网店已经关闭，转向抖音平台。

此外，传统老店也迎来了年轻管理层，曾氏砂器的曾雨露（图5-9）与余学铭（图5-10），曾雨露是传承人曾庆红的女儿，余学铭则是曾雨露的男友。大学学历，两人目前主要是在做曾氏砂器的管理运营，重点做直播和线上销售。

六、外地文化商人经营者

外来文化商人经营的门店与本地有文化的新一代作坊主最大的区别在于：外来的文化人士充当一名管理者的角色，他们基本

图5-10　余学铭在做曾氏砂器的直播及展览销售
图片来源：余学铭　提供

没有太多的技术，需要雇佣当地手艺人才能进行制作，因此其产品具有不稳定的因素。但是由于文化商人受到了更好的审美情操的影响，所以通常是以充分挖掘出当地材料和技艺的可塑性为出发点，将荥经砂器打造为符合现代审美产品的同时，加强其艺术含量，以此来提高售价，获取更大的利润。当地较为出名的便是叶骁创办的"荥窑"和林萍建立的"雅烧·荥经砂器"。他们在不同于本地手艺人产品定位的同时，也非常注重荥经砂器的生产过程以及生产场所具有的文化空间氛围。通常外来文化商人经营的门店会更加具有艺术性和欣赏性，并以此吸引消费者的驻留。他们会在产品的设计和生产包装上打下强烈的个人品牌符号，使得消费者记忆深刻。外来文化商人试图改变荥经砂器单一的使用功能，希望能够通过努力将手工艺回归到日常生活中，但又高于使用功能。

七、西南高校陶艺创作群体

四川美术学院、四川大学、西南交通大学、四川师范大学、西华大学等西南地区的高校，围绕以荥经砂器为代表的地方性陶艺资源均展开了在地性创新创作。如四川美术学院开展了"荥经七月"活动，与荥经砂器当地创作群体长期保持合作关系，每年都会以师生集体外出考察学习的形式进行在地田野调查和学习。

（一）突出"在地性"

西南高校在创作、教学、科研上的主要突破有教学模式上的创新，建构了"因地而生"的研究生人才培养模式，特色"因地而生"，学生长期在地驻留，强调在地设计和实践；采用工作坊教学方法，将科研成果融入教学资源，形成良性循环；采用当代诗学态度，替代传统的现代美学视野，以更深层次的文化和社会实践为出发点；重视田野考察和沉浸式在地驻留，让学生深入体验和学习地方文化。

（二）重塑匠人精神，重构工艺文化

荥经作为四川美术学院陶瓷专业外出考察教学的常设点之一，几乎每年都会有艺术家、教师带队引领学生以团体的形式前来参观学习，个别爱好钻研的学生会长期驻扎在此，如教师尧波发起的"荥经·银色七月"工作坊（图5-11），"以沉浸式驻留为途径，突破以往被动接受的课程教学体系，充分调动学生渴望融入社会和参与社会的积极性"[1]，驻扎荥经本地围绕砂器展开相关的创作、教学研究，并在此基础上策划展览，撰写书稿《与谁共鸣——荥经砂器在地设计》（图5-12）《西南制陶技艺图谱》。

图5-11 "荥经·银色七月"荥经在地设计工作坊展览海报
图片来源：金山意库

图5-12 尧波、白玥、王旭东著作《与谁共鸣——荥经砂器在地设计》封面
图片来源：尧波 提供

1《基于非遗技艺"在地设计"的应用型专业学位硕士研究生培养体系构建与实践》（未刊）手稿，感谢尧波提供该手稿。

　　与当地的匠人有深入的交流沟通，并建立起友谊，如青年教师王旭东曾驻地钻研创作达一年半时间。[1]艺术院校师生在荣经的艺术创作，也为当地的匠人群体带去新的知识，刺激其创作创新。例如白玥等创作及研究者，均对地方性传统手工艺进行了深入的调研，对荣经砂器的现代创新注入了青年一代的视角和思考。

　　学生在荣经、荣昌等地进行长期驻留，完成毕业论文和设计，深入研究和实践当地工艺，通过技艺、空间和生活的关系探索技术与生活的结合，强调本土手工艺的当代转型，推动传统工艺与现代设计的结合。教学成果上西南高校构建了应用型手工艺设计专业学位硕士研究生培养体系，注重学生的实践能力和创新思维。通过长期在地驻留，学生能够深入参与地方文化和工艺的保护与传承。

　　创作教研的成果上，学生参与多个科研项目如《荣经砂器在地设计》《手艺何为——川美陶艺方向毕业生创业路径的质性研究》等，发表多篇论文，涉及工艺文化、材料工艺、设计介入等方面。学生作品参与多个省级以上展览并获奖，如"陶埏新语"中国当代陶瓷艺术家作品展、中国西部陶艺作品双年展等。毕业后学生在教学、研究和创业方面也能继续发展，如任教、读博深造、建立工作室等，持续贡献于工艺文化和教育领域。

　　四川美术学院师生在创作、教学和科研上展现了一定创新精神和实践能力，特别是在传统工艺与现代设计教育的结合上取得了一定成果，对地方文化的保护和传承起到了积极作用。未来还将进一步扩大在地设计的范围，深化工艺文化的研究和传承。

（四）拓宽创作与教学的边界

　　尧波（图5-13）创建歌乐山 🔴（YAO）空间（图5-14）的初衷是以制陶术的方式创造日常生活，重构正在流失的实践知识、

---

1 王旭东. 银砂熠熠——荣经砂器色彩肌理探索 [D]. 重庆：四川美术学院，2020.

图5-13　尧波
图片来源：尧波　提供

图5-14　YAO空间标志
图片来源：尧波　提供

生活知识、理论知识，探索什么形式的技术可以让我们回到生活的艺术。同时，这也为毕业后想要继续陶艺之路的学生提供一个深入学习的交流平台。教改地点置于此处，是因为校内没法提供教师和学生一起做陶共同生活的空间，教与学还停留在制陶的初级阶段。在这个空间里所呈现的氛围给新型的艺术形式提供更多的可能性。在工作室、窑炉边上、院子里、餐桌上和喝茶时处处都是艺术与生活的融合点，我们在探讨火的语言的同时，也造就了一种互助的新型关系，体验着更富有活力的生活方式。

唐英（图5-15），原四川美术学院陶瓷艺术工作室主持人、教授、硕士生导师，从事陶瓷艺术的教学研究和创作科研三十余年。

唐英的作品富有生命力，其代表作品《藤之韵》《归巢》《"和"之韵》《彝人烟魂》《彝人酒魂》《生命之歌》《"鸣"声》《生态娃》（图5-16）、《命运·共同》（图5-17）、《天平地成》《绽放》《"余"生》《鱼之情》《苍鹰》《天地间》，作品选题为植物、鸟、鱼等造型，以仿生的手法模拟血管的造型、花朵怒放的状态、以圆、方等形态表达对了生命的歌颂，对荥经砂器的地方性陶艺的思考再创作作品《命运·共同》，2019年入选十三届全国美术作品展，以砂质质朴的材质和棕黑色质地表达了个体之间的命运共同体的宏大和谐。

图5-15　唐英
图片来源：唐英　提供

图5-16　唐英　生态娃
砂质　34×32×48厘米　2019年
图片来源：唐英　提供

图5-17　唐英　命运·共同
砂质　68×96×28厘米　2019年
图片来源：唐英　提供

图5-18　王崇东
图片来源：王崇东　提供

　　王崇东（图5-18），西华大学传统工艺与现代设计研究中心主任，教授。他的作品，展现了其在砂陶艺术领域的深厚造诣和独特视角。材质与技艺的传承角度上，以砂陶为媒介，这种材质本身就承载着丰富的传统工艺和文化记忆。砂陶的原始质感和质朴色泽，与现代设计语言相结合，展现了艺术家对传统材料的现代诠释和创新运用。在形式与结构的探索上，从作品《悠然天地间》《上弦月》（图5-19）、《乐山悦水》等可看出，王崇东在形式上追求简洁而有力的视觉表达，往往以简洁的线条和形状，构建出富有节奏感和动态美的空间结构。在主题与内涵的进一步深化，其主题多涉及自然、宇宙和人文关怀，如《夜空的星》和《散落的星》等作品，通过砂陶的质感和形态，引发观者对宇宙和存在的深刻思考。这些作品不仅是视觉艺术的展现，更是哲学思考的载体。在作品《雄关漫道》（图5-20）中，他展现了对砂陶材质的创新运用，通过不同组合方式呈现多样的视觉语言，体现了在艺术表达上的多样性和探索精神。其往往带有一种原始的生命力和情感温度，如《云游天地间》所体现的自由与超然。这种情感的传达，使得他的作品能够与观者产生共鸣。在空间布局和展示方式上，往往与展览环境形成对话，如《乐山悦水》和《夜空的星》等作品，其尺寸和形态与展示空间相得益彰，增强了作品的整体感和沉浸感。

图5-19　王崇东　上弦月　砂陶　770×80×270厘米　2017年
图片来源：王崇东　提供

图5-20　王崇东　雄关漫道　砂陶　2000×110×310厘米　2018年
图片来源：王崇东　提供

图5-21　刘玉城
图片来源：刘玉城　提供

　　陶艺家刘玉城（图5-21）致力于不断在泥与火的形式上推陈出新，创作了《时节》系列创新作品（图5-22）。他阐述自己的创作理念时提到特别针对荥经砂器这种工艺，"采用泥条盘筑的方式完成作品，这种成型方式是人类掌握的最原始的制陶技艺，需要缓慢地一点点叠加盘筑成型。在快节奏生活的当下，'缓慢'是一种难得的状态，'慢'可以在艺术活动中使个体对于材料的感受更加强烈，把握住泥土接触皮肤的第一触感，在手跟泥土的互动寻找真实的体验。"[1]在城市化及工业化过程中，人们已经或正在或即将经历逐步远离自然的无奈，也渐进式地被"新型的狱卒"即时间所控制，生活的节奏日渐加快，竞争愈发激烈，人所面临的自然环境压力、人际关系压力、人与自身的关系等压

1　刘玉城.陶之为陶——从《时节》谈我的陶艺观 [J].美术观察，2020（10）：154-155.

图5-22　刘玉城　时节　陶、大漆　36×33×51厘米、46×46×28厘米、35×35×50厘米　2018年
图片来源：刘玉城　提供

力愈发加重。加速主义盛行，人类的生存及创造力均面临工业文明带来的巨大冲击。[1]适当地慢下来，有益人类的身心。而艺术、手工艺等造物传统，可以实现让我们的身体忘记时间，慢下来以疗愈身心的目的。

唐尧在《形而上下》中认为"观念艺术的'美丽'不在于视觉或感官，它的魅力是'思维的快感'……事实上，今天或将来的艺术家很可能难以明确地区分为画家、雕塑家或设计师，甚至难以被标识为传统的或前卫的，他们可能以多种风格活跃于绘画、雕塑、装置、行为、观念、建筑、园林乃至工业产品、商业广告、家居环境、生活用具等等非常广泛的领域之中。"[2]人人都是艺术家、人人也都是设计师的时代早已到来。驻留在当地的手艺人，囿于地域、学识、家庭等诸多因素所限，在艺术观念与市场的矛盾中不得不把谋生的问题放在艺术性的前沿性突破之前，但前沿艺术家则可尽情在形式与观念上尝试更为大胆以及更有突破性的尝试，可表达自己的个人创新理念，两个群体并无冲突，

1 ［德］哈特穆特·罗萨.新异化的诞生——社会加速批判理论大纲 [M].郑作或译，上海：上海人民出版社，2018.

2 唐尧.形而上下——关于现代—后现代雕塑的哲学与诗性陈述 [M].北京：华夏出版社，2008：161.

彼此更应成为各自创造力的启发者与借鉴者。

互联网的到来，人人都是艺术家，何为手艺人，何为艺术家，彼此之间这种传统的身份正在日渐模糊，观念和思想上，彼此平等，越多的交流和思想的碰撞，有益于彼此创造力的提升。

《时节》系列将大漆与荥经砂器这两种材质进行结合，以传统农耕社会而言重要的二十四节气为创意，表达了以传统手工艺为物质载体表达对自然的尊重和对传统智慧的敬畏。对不分季节在超市随时可以买到任何季节蔬菜瓜果的当今都市人而言，作品中浓厚的乡土味、引发了当代人的乡愁，并启发当代人在快速时代偶尔地慢一慢，更容易感受人与自然，人与物，人与当下的和谐，并引发大众对传统朴素材料的尊重，也凸显了西南传统手工艺在当代的新生创意。

王旭东（图5-23）的创新作品《上下求索》系列作品（图5-24至图5-27），基于他在荥经的长期驻地创作及思考[1]，在荥经砂器的造型上做了许多实验性的尝试。从《向内压力》《向下重力》《左右张力》《向上应力》等四个角度进行了形式上的创新。并且在器物的外壁上保留了制作过程中自然形成的随性指纹、斑驳褶皱与纹理，和粗糙的质感，形成了质朴的视觉效果。在传统荥经黑砂的材质上体现了新的形式创新，造型大胆且富有实验性。

图5-23 王旭东
图片来源：王旭东 提供

图5-24 王旭东 上下求索——向内压力 91×58×54厘米、72×50×45厘米、106×66×62厘米 2020年
图片来源：王旭东 提供

---

1 王旭东. 银砂熠熠—荥经砂器色彩肌理探索 [D]. 四川美术学院，2021.

图5-25　王旭东　上下求索——向下重力　60×48×43厘米、47×45×62厘米、41×35×78厘米、32×30×93厘米　2020年
图片来源：王旭东　提供

图5-26　王旭东　上下求索——左右张力
105×105×27厘米、95×95×35厘米　2020年
图片来源：王旭东　提供

图5-27　王旭东　上下求索——向上应力
25×25×115厘米、30×30×120厘米、20×20×110厘米　2020年
图片来源：王旭东　提供

　　白玥（图5-28），设计学博士，重庆邮电大学传媒学院艺术设计系讲师，中国工艺美术学会会员。由于荣经砂器材质色彩的特殊性，与宇宙星空的浩渺璀璨有相似性，烧制时产生的各种随机的色块，也蕴含各种"窑变"的不可控惊喜，白玥选择了宏大的宇宙议题，诸如《银河》《月蚀》（图5-29）、《月影》（图

图5-28　白玥
图片来源：白玥　提供

5-30）、《洞见》，以近似莫比乌斯环的复杂空间感，以模拟银河的不可控复杂混沌状态。当代人在商品拜物教对生存空间的侵蚀之中，"在现时代，相对富裕的物质生活使得人们从总体上摆脱了物质匮乏，并使多样化的感性生活得以可能，但人们精神生活的丰富性及质量并没有得到提高；相反，随高技术、工业社会、后现代社会及消费社会裹挟而来的功利主义与物质主义，放逐、吞噬乃至取代了传统的精神超越性以及相应的真、善、美、理性、德性、神性等价值观念，并累积为主导整个现时代精神文化的拜物教意识。"[1]物欲高涨的高压生活节奏之下，人的定义已被异化成为消费的符号元素，更少有抬头仰望星空的闲暇。白玥这一系列宇宙主题作品无疑将艺术对人生的启示性昭示，如英国作家毛姆所言："月亮与六便士并不冲突，我们可以一边捡起地上的六便士，一边抬头仰望天上的月亮，因为梦想和现实并不矛

图5-29　白玥　月蚀　尺寸可变，单个尺寸30×30×8厘米　2017年
图片来源：白玥　提供

图5-30　白玥　月影　尺寸可变，单个尺寸10×10×38厘米　2018年
图片来源：白玥　提供

1 邹诗鹏. 现时代精神生活的物化处境及其批判 [J]. 中国社会科学，2007（05）：54-63+206.

盾"。短暂的休憩与（仰望星空）放空，给当代人喘息的机会，寓意与蒋勋《孤独六讲》所言"忙碌是心灵的死亡，艺术不可能比人的生命更动人"有异曲同工之妙。同时，宇宙这类宏大的议题，往往也让人意识到自身个体的在超长时段历史时间与宇宙空间中的渺小存在，"个体不得不面对稳定的压力，即不得不凭借个体的力量去解决不断变化的社会条件带来的不可预测性、非连续性和空虚。"[1]

白玥将砂器材质的亲切质朴粗疏古拙感与苍凉、肃杀悠远的宇宙议题相结合，在荥经的驻地经历，使她突破荥经砂器固有的地域性环境局限，以特定议题的方式对砂器再创作。人们通过艺术品这样的公共对话媒介，实质上是艺术家发起的公众讨论，用艺术或个体自身的方式来对待日渐泛滥的虚无主义，深度融入地域文化和当代的包容性，注入稳定、持续生长的新的生命意识及创作活力，给观者无限想象空间，让这一系列作品具备了更多的二次、三次乃至无数次在观者想象中不断重生的生命力。

梁文穿（图5-31），身兼多职的陶艺家、海维特设计总监、装饰面设计师，毕业于西南交通大学艺术与设计学院美术学系，与尧波学习柴烧。

梁文穿改造荥经砂器的传统窑炉为"小窑"（图5-32）。烧制工艺上，他以传统烧制技法为基础，进行实验性创作；制作工艺以泥条盘筑为主，加入创造性手法。烧制状态以烧制方式为主，地坑窑结构应用，煤炭为烧制燃料，针对烧制时气体的不稳定性，改造窑炉，只为尽可能捕捉气体火焰的狂野不稳定的各种突破创造性的可能性，实现艺术创作中存在"变"与"不变"，如果恒定的不变，一定程度上会导致创作进入僵化的瓶颈状态，而尽力地捕捉火焰及空气、风在窑炉内的各种形态，使其充分体现在烧制的作品上，以此实现对荥经砂器的守正与创新。在访谈中梁文穿提及，当时为了制作更高的作品而对窑炉进行改造，常

图5-31　梁文穿
图片来源：梁文穿　提供

---

1 ［英］齐格蒙特·鲍曼. 被围困的社会 [M]. 郇建立译，南京：江苏人民出版社，2005：15.

图5-32 梁文穿 小窑改造现场步骤1-7 2017年
图片来源：梁文穿 提供

规窑炉高度不够，因此垒高，并使用盐、木、苏打、煤矿石等各种材料进行实验，加高后的"小窑"升温比常规窑更慢，但温度也照样达到相同水平，只是升温时间略慢，常规窑平均3小时，小窑需6小时，相对而言烧制成本更高。与此同时他也做了很多尝试，改变黑砂的粗细度及制作方式，并结合了景德镇常用的拉坯手法，各种手法叠加，改造当地窑炉，使用阴沉木木屑（含重金属，保温、耐烧，还原银色效果好），最终使作品的还原效果显现的银色更好。

改造现场

第一阶段：传统窑炉基底建造 加高了1.2米

第二阶段：基底改造（曾氏砂器工坊内）

第三阶段：改造完成

第四阶段：初步烘窑

第五阶段：烧制观控

第六阶段：烧制完成封窑

第七阶段：开窑

作为具有创新精神的艺术家，梁文穿注重材料的自然属性和质感，他通过荣经砂器的传统烧制技法，保留了这一技艺的精

图5-33　梁文穿　小窑烧制出的高实验作品，黑砂，高度70—80厘米　2017年
图片来源：梁文穿　提供

髓，同时通过窑炉改造和烧制过程的创新，推动了这一传统技艺
的发展。通过对烧制过程的精细控制和对材料的深入理解，其作
品能够展现出独特的艺术效果，这在荥经砂器的创作中是有意义
的艺术实践（图5-33）。通过使用自然材料和传统技法，梁文穿
的作品体现了对自然和人文传统的尊重。作品展现了对传统工艺
的探索和实验精神，这种精神鼓励人们不断尝试新的可能性。对
"不确定性"与"偶然性"的拥抱，成为了梁文穿创作过程中的
快乐与灵感之源，通过对烧制过程的不稳定性的追求，梁文穿的
作品传达了对偶然性和不确定性的接纳，这反映了一种对自然规
律和创作过程的深刻理解。在荥经砂器的创作中，不仅继承和发
扬了传统技艺，还通过创新和实验，赋予了作品独特的艺术价值
和思想内涵。

　　梁文穿跟随尧波学习烧制柴窑，他的创作心得是在荥经砂器
的基础上改造，更多是个性化的表达，2017年正处于他个人关键
抉择的一个阶段，以创作《自渡》，纯粹的沉浸在创作中，这也
巧妙地展现了人的精神力量与艺术的自我救赎两者巧妙融合在了
艺术作品之上，精神上的困惑最终升华成为了艺术作品。他认
为荥经砂器的制作工艺简单粗狂，几乎没有任何约束，可以更原
生态，创作上尝试着可以放大这种地方工艺的特色，不如使其更
为粗狂，尽力捕捉"偶然"性，再加一把火使其更粗狂，改造了
陶土粗细度，使其更细以适应电窑，倒入松木木屑做还原，再升
温，使用阴沉木木屑还原，视觉效果更为丰富。

图5-34　梁文穿　装饰面花色设计-荣径砂器及装饰效果图　海维特水性墨+三聚氰胺纸　2023年
图片来源：梁文穿　提供

梁文穿以其创意拓宽了荣经砂器审美的边界，设计了别具一格的创新产品：装饰面花色设计——荣径砂器（图5-34）。在材料的选择上，他采用了海维特水性墨结合三聚氰胺纸，这种方法赋予了作品独特的质感。其制作方法采用了精细入微的凹版印刷技术。这些新产品不仅可用于家居空间的内饰，增添居室的文化氛围，还能广泛应用于公共空间的护墙板、家具面板等，为环境注入新的传统与现代交融的美学韵味。梁文穿的设计理念以区域陶瓷文化属性及真实性为导向，既尊重传统，又不失现代感，对瓷纹、陶纹等艺术形象进行适度的创作表现，使之既有古典之美，又符合当代审美。努力寻找传统文化与流行文化之间的平衡，在审美趣味上寻求和谐，也在工艺技术和材质表现上追求创新，力求在传统与新创造之间找到最佳结合点。通过这样的设计，梁文穿提升了装饰面设计的文化渲染力，使装饰材料在文化艺术层面的应用范畴得到了极大的拓展，为荣经砂器的传承与发展开辟了新的道路。

此外，西南地区的其他高校，如四川大学、西南民族大学、贵州民族大学等艺术学院均偶有前往荣经进行在地教学创作的团队，创作者群体多为青年人，在荣期间彼此交流合作。

在20多年前王林撰文《从中国经验开始——试论西南艺术的深度追求》总结的西南当代艺术创作的特点：（一）始终具有浓厚的人文情怀，注重生命意识、生存境遇与艺术的关系；（二）

重视内心体验与主观表现，和即时的、流行的文化现实保持一定距离；（三）看重历时性、时间性，以中国人的历史经验和个人经历作为资源；（四）具有深度感和多义性，不以直接、表层、时尚的艺术效果为旨归。[1]以上西南陶艺创作群体的创作特征在近年来的积累与沉淀中依旧保持了这几个特点。余强在《西南民族民间工艺文化的研究方法及价值》一文中提到"由于手工艺与人的存在之间有天然的不解之缘，使对民族民间造物意义的探索成为对人的生存与生命活动，以及对手工物质形态所蕴含的深层超越性意义的一种整体性揭示。因此，我们的研究才不会把手工艺品作为单纯的物质客体对象，而是始终将其同人的生活过程和生命活动的环境联系起来思考，包括将工艺文化放到民俗活动的生态结构中去研究。"[2]诚如所言，所有人类文明的繁荣根基都在于人口的繁衍与创造性活动的持续性进行，人是手工艺文化的根本因素之所在，如果没有历代艺术家、教师、学生的持续性关注，不断将其命运与荥经砂器这类地方性特色文化进行深度捆绑，地方文化的繁荣也是无源之水。西南高校陶艺创作群体在多个层面持续推进艺术家个体及群体对自然人文情怀及生命意识等多个问题的深度思考，既植根于西南艺术创作群体的现实实践历史，又与生机盎然的创新紧密联系，是一种正面的"时间的发酵"结果。

截至2023年，中国城市化率已达66.16%，这一时期的工业与农业生产，主要为城市居民服务，民众的生活感受也多由城市化的发展过程所引发。城市化取代了以血缘为主要纽带的乡村生活方式，工业化瓦解了乡村的农耕生活形态，商业消费取代了自产自销。乡村邻里的人际关系与传统道德观念也因进入了新的语境而发生巨大改变，集体主义转向个人主义，个体边界逐渐变得比集体生活更为重要。中国近几十年的发展，带来了各种变量与不

1 王林.从中国经验开始——试论西南艺术的深度追求[J].文艺研究，2003（03）：109-114.
2 余强.西南民族民间工艺文化研究[M].北京：中国纺织出版社，2016：94.

稳定性，消费主义狂潮对人的异化，个体沦为了一个个的销售额的构成元素，短视频的兴起，利用人性的弱点对个体的注意力的剥夺等，都导致了作为个体存在的人，普遍存在着"无根性"和孤独化的情感状态。在应对当代人在现代及工业化的负面效应问题上，这批艺术家们也在做各种实验与尝试，如尧波的歌乐山工作室等是对待城市化工业化冲击下的一种积极应对。

在面对工业化和现代化的挑战时，传统手工艺处于弱势，需要各方采取一系列措施来保护、传承和发展这些珍贵的文化资源。比如国家从立法（日本有"传统工艺品产业振兴法"，法国通过"活文化遗产企业"Entreprise du Patrimoine Vivant, EPV标签，保护和推广手工艺术），高校设置相关专业，提高年轻一代对这些文化价值的认识。通过高校内的教学系统及之外的自然形成的师徒制（如尧波与梁文穿）、工作坊和培训班等形式，传授传统技艺，确保技艺得以传承。在实验性前沿作品的创作之余，也结合现代市场需求，开发和推广非遗和手工艺品的大众消费品，提高其市场竞争力。创作者们也积极利用现代信息技术，如在品牌化管理理念下，引入自媒体团队，对荣经砂器的创作过程进行数字化记录和存档，并上传至小视频等平台，便于研究和传播。

纵观全球非遗保护的成功案例，各方政府都提供了强有力的支持，包括立法保护、资金投入和政策制定。社区参与和公众意识的提高也不可或缺，并通过学校教育、工作坊、培训班和学徒制度，传授非遗相关的知识和技能，培养新一代的传承人。并积极组织文化节庆、展览和表演活动，为非遗提供展示平台，增加公众的接触机会，提高其可见度和吸引力。许多国家通过联合国教科文组织的非遗名录获得国际认可，这有助于提高全球知名度，并促进国际合作和交流。在当代尤其注重利用影视戏剧、互联网和社交媒体等现代传播手段，扩大非遗的影响力和受众范围。

西南高校及陶艺创作群体在教学、科研、创作中继续以作品向当代人传递不可言说的"劳动的快乐"。[1]工业分工生产模式瓦解了自然状态下人类的完整劳动模式，个体更多的是从事流水线上的"螺丝钉"式工作，"片面的劳动"剥夺了人类在创作和劳动中的完整快乐，每个个体从事的是支离破碎的劳动和创造，最后成品的品质、完整性与个体的成就感之间无法搭建完全匹配的关联性，个体的自我价值空间模糊，得益于雅安荥经位于西南偏安一隅，在工业化浪潮中未被完全席卷，西南高校陶艺师生群体保持了荥经砂器手工的完整创作形式，从创作之始至成品，实现自我情感个性风格的完整表达，甚至看到作品被欣赏者所收藏，可以说是对"劳动创造快乐"的完整性表达。

人类社会的进步与文化的繁荣，艺术创作上的创新，往往意味着要"推陈"才能"出新"，创新意味着要对过去以修正、颠覆与否定，如上述群体的各种创新手法，各类与时俱进的巧思，与大数据、互联网、信息技术、人工智能等前沿科技的融合，以及与装置、雕塑、实验艺术之间逐渐模糊的边界，都在不断推动艺术的创新，并进一步实现对人类心灵的滋润。而这种变革通常不会一蹴而就，往往会经历诸多曲折，也意味着"阵痛"。通过艺术家群体的合力，形成一种艺术创作与地方社会、文化之间的"可塑力"（Plastic Power），即一种"明确地改变自身的力量，那种将过去、陌生的东西与身边的、现在的东西融为一体的力量，那种治愈创伤、弥补损失、修补破碎模型的力量"。简言之，就是形成一种出自生活本身的自主的生命力。[2]手工艺传承创新不能走向技艺本身的反面这一误区，务必在技艺或材质的传承基础上进行当代活化创新。任何事物并非一经诞生就永恒不变，所有的事物都随时间的演变在不断进化，人如此，物亦如此。透过西南高校陶艺创新群体的实践，能够看到这一从业者群体对传

1 陈学明，毛勒堂.美好生活的核心是劳动的幸福 [J].上海师范大学学报（哲学社会科学版），2018，47（06）：12-17+53；宾克莱.理想的冲突 [M].马元德译.北京：商务印书馆，1983；弗雷德里克·勒诺瓦.幸福，一次哲学之旅 [M].袁一筱译，海口：海南出版公司，2015；何云峰.人类解放暨人与劳动关系发展的四个阶段 [J].江淮论坛，2017（01）.

2 尼采：历史的用途与滥用 [M].陈涛等译，刘北成校，上海：上海人民出版社，2005：4-5.

统手工艺的当下思考及创新及各类扎根乡土的实践。

第二节　荣经当地青年创作群体困境调查及解决对策

2019年后四川雅安荣经砂器手工艺在制作、审美、经营和销售等各方面都发生了诸多变化，笔者于2023年3月对荣经砂器青年手艺人在制作、审美、经营和销售等各方面近三年的新情况进行了考察。重点围绕人口及家庭结构变化背景下，以及当下面临的数字化转型冲击中，选择青年手艺人群体中目前做得相对较好的四位青年，对他们自身和行业近年来的一些情况和变化进行了调查和总结。传统手工艺目前正处在往高质量发展阶段转变的时期，务必放弃过去粗放式低水平竞争的模式，这批青年手艺人尽管踏实肯干，吃苦耐劳，但仍需要不断提升自身的创造力；政府尤其须加大对这种容易被大工业机器生产和新技术取代的地方特色产业的扶持力度；与此同时，荣经砂器行业自身也需自律及自净，保护好这批有梦想、有行动的传承力量。本节在前文已述郑文鑫、卢奎、曾雨露、余学铭、兰竞松的基本情况的基础上，探讨他们这一群体目前面临的困境及解决方式。

一、青年创作群体共性

（一）多出身于务农家庭

观察这几位荣经砂器青年手艺人中的相对突出者，他们多出身于农村或务工务农家庭，父母文化水平和经济收入不高，家庭对他们未来的持续发展提供的帮助有限。荣经砂器的烧制过程温度很高，工作较为辛苦，所以这批荣经当地的青年手艺人群体普遍相对而言，性格有一些共性，较为坚韧、勤奋，吃苦耐劳，能够在没有空调和抽水马桶的生活条件下坚持制作荣经砂器若干年。自由职业比较挑战人的惰性，没有外部社会支持群体的监督，人往往失去自我监督，但这些青年群体却保持各自的节奏和创作频率以及工作强度。卢奎每天都会创作，郑文鑫则会等待灵感到来，但各自都没有放弃和停下创作，大抵因为有"手停口停"的压力，由于多数为农村家庭出身，勤奋让他们直接面对生存的压力，也享受创作中的自由以及成就感，这些自身内部生发的自我管理动力和自律性促成了他们的坚持。

（二）有兴趣

这批青年对制陶都富有兴趣，能够坐在拉坯机前一整天，一边创作，一边听音乐，或听电视剧。经年累月在一间破旧小屋中享受制作中的平静和"心流"（flow），内心对自己的未来也充满着期望，人在热爱的内部驱动之下不需要其他的外部压力，"心流"是个人钻研脱颖而出成为专家必备的专注状态，"没有专心致志的训练，不是由技入道，你是很难体会那种心无旁骛、全神贯注，以至于这个世界都要消失的状态。而且，这也是人最好的一种状态"[1]，在创作中达到"忘我"的心无旁骛状态。

（三）不受行业贵贱、同行是冤家等偏见束缚

随着ChatGPT等智能技术的出现和普及，社会对技术进步对目前教育是否存在颠覆性影响的讨论也很热烈，尽管目前还不明确未来的教育方向，但可以肯定的是"脑力劳动者过剩是一场社会危机"，重复性的知识是没有意义的，人可以从重复性的知识学习中解放出来，集中精力用更多的时间去专攻人类目前遇到的难点与痛点，更多地去从事需要有耐心、长时间地关注真正的需要创造性、同理心、灵活性的工作。[2] 就目前来看，打破中国人积累千年的"学而优则仕"的思想束缚依然任重道远，破除社会对某些工作"不体面"的偏见，还需要多元的就业选择、职业平等价值观的深度普及和广泛接受。

在对三位手艺人的采访中发现他们均提到了外界对他们工作"不体面"的评价的态度，无一例外，他们以行动呈现了与这种偏见对抗的勇气。职业平等的观念[3] 还需国家和更广泛层面的推广，不要让弱势的年轻人群体需要极大的心理建设去做"孤勇者"。

---

1 Csikszentmihalyi, M.,1997.*Finding flow: The psychology of engagement with everyday life. Basic Book*; 焦兴涛.要鼓励孩子"鼠目寸光"[EB/OL].[EB/OL].（2023-3-3）[2023-3-12].https://mp.weixin.qq.com/s/xnZDCnzbHBDfKgxsRq21pQ.

2 刘益东.数字反噬、通能塔诅咒与全押归零的人工智能赌局——智能革命重大风险及其治理问题的若干思考[J].山东科技大学学报（社会科学版），2022,24（06）：1-13；鼓励科研人员"十年磨一剑"[N].中国社会科学报，2021-12-07（001）.

3 蒋晓明，易希平，张晓琳.后现代社会的职业教育走向——实现人的自由发展与完全解放的全人教育[J].大学教育科学，2021（05）：119-127.

图5-35　郑文鑫和卢奎经常在一起切磋交流
图片来源：易欣　摄影

图5-36　兰竞松和女友在一起创作
图片来源：易欣　摄影

随着销售由线下转至线上，对到达荣经本地的自然客流量的竞争减弱了，青年手艺人各自都有了自己积累的老客户群体，以线上为主的销售方式，使得产品的审美和风格也不尽相同，稀释了创作者之间的竞争烈度，所以彼此之间针锋相对的竞争并不激烈，再加之年龄相仿，志趣相投，因此更多的是彼此欣赏和互帮互助。黑砂一条街并不大，彼此店铺也相邻，青年手艺人经常一同交流游玩并切磋经验（图5-35）。

（四）家人的支持

卢奎、郑文鑫和兰竞松均提到他们在择业之时，家人没有施加任何压力，郑文鑫的父母更是全力支持。此外，卢奎的妻子曾提及她从15岁起就做了大量的销售工作，结婚后为自家产品做销售，创业之初跟随卢奎去参加茶博会做展览时，因为当时经济条件并不宽裕，都有怀着孕打地铺的情况出现。如果没有妻子对卢奎工作的支持，或许他也无法从外地来到荣经从事这一行业长达10年，并持续盈利养活一家三口的小康之家。郑文鑫和兰竞松各自的女友在创业上也很支持他们（图5-36），曾雨露与余学铭彼此也在创作经营中相互帮助扶持。

（五）使用各种新媒体进行全网销售

荣经当地最大的两家砂器店铺曾氏砂器和朱氏砂器较早开始使用直播进行销售，后来从业者几乎全都开设了线上销售渠道。

朱庆平提到，当初开设天猫店是下了很大决心，投入了30万元，得益于此，2020-2023年期间并没有出现销售危机，至今仍维持着销量不断上升的经营状态。四位青年中自主创业的有卢奎和郑文鑫两位，兰竞松是在非物质文化遗产传承人朱庆平的工坊中工作，相对兰竞松而言，卢奎和郑文鑫的工作会更多一些，他们还要全面负责自己产品的拍摄起名、文案构思、销售以及售后和平日店铺的管理等。在各自的女友和妻子加入后这方面的工作相对减少，他们的伴侣也都在学习和使用各种新媒体进行全网销售，而不再以荣经当地的自然客流量为主要目标。还有一些是把作品独家提供给专门做砂器直播销售的从业者，将这部分工作外包出去，毕竟手艺人的时间有限，需把主要精力放在创作上。

（六）积极参与茶博会等展览交流活动

在审美造型创意上，他们会通过紧跟时代潮流而创新，如参加茶博会等活动走出去，让外界看到荣经砂器，也带回制造业发达的东部地区的一些新观念、新工艺，并融入自己的创作中。

通过以上对他们的一些共性的观察，也总结了其他年轻人从事这一行业不久后放弃的原因，多为以下情况：无兴趣；不能忍受"挣慢钱"；在这里找不到对象；急于获取成功，一两次失败后就觉深受打击，遂放弃；父母等家人不支持；自身不能抵御外界的"不体面"的偏见等。总体而言，有青年自身的、家庭的原因，也有社会观念的问题。

二、创作、经营现状和困境

（一）创作特点

相对老一辈手艺人，青年荣经砂器创作者的作品更富有时代感，也更具个性，产品的艺术性和审美价值更高，他们乐于通过网络接受外来的信息，尽管网络信息存在碎片化的倾向，但并不妨碍他们将其作为自己创意的来源。他们作品的价格也比传统旧式砂锅高出许多，同时普遍也更具有品牌经营意识和知识产权保护的观念（图5-37）。

比如郑文鑫作为为数不多的上过大学的创作者，不但系统学

图5-37　卢奎正在为笔者讲解他的理念
图片来源：易欣　摄影

图5-38　郑文鑫设计的改良荣经
小砂锅和专利证书
图片来源：郑文鑫　提供

习过设计历史的知识，也相对更系统地了解过流行商品趋势，他在荣经传统的煲汤大砂锅的基础上吸取灵感，将其缩小了将近一半的体量，加上宽大圆润的双耳，一可以防烫，二使整个体型更加圆润，增加了年轻人喜欢的"萌感"，为此还专门申请了专利。[1]由此可见，在知识产权保护的观念上，青年手艺人要比老一辈意识更强（图5-38）。

（二）进藏自驾公路 G108 国道的衰落

砂器一条街曾经是一条主干道，有大量的车队和旅游人群从这里的G108进入G318国道进藏，在高速公路建成后，途经这里的人群变少，这条路逐渐变得萧条，过去大量的餐饮店都已经关闭，目前仅存黑砂相关产业还在经营。虽偶有高校的考察团队和旅游团会到此参观游学，但与此前的繁荣相比，自然客流量依然减少（图5-39）。

---

1 郑文鑫．砂锅：202030376999.6[P].2020-12-11.

图5-39　2019年与2023年人车流量对比
图片来源：何海南　易欣　摄影

（三）2019年后销售逐步转至线上且占主要比例

在我国各行各业数字化转型的大势之下，荥经砂器全面开启了线上销售模式，在朱庆平提供的朱氏砂器销售数据中线上销量（天猫+淘宝+京东+抖音+微信小视频）占总额的60%。青年创作者群体也类似，他们的客户主要有茶博会的经销商和多年积累的其他经销商，以及以前的老客户（通过微信朋友圈销售），做得规模较大的曾氏和朱氏砂器都搭建了各自的抖音直播团队，如曾氏砂器的抖音直播团队就由曾庆红的女儿曾雨露和女婿余学铭运营；朱氏砂器搭建了两个团队，一个是微信小视频，另一个是抖音直播，聘请的是经验丰富的销售人员，直播不定时，从上午10点到下午5点不等（图5-40）。目前账号的情况或因荥经砂器的小众性质，粉丝数量偏少，热度不高，但网络销售平台的好处在于可以面向全国市场，所以近年来销售额并未下降。

（四）行业规矩略无序，知识产权保护力度有待加强

荥经砂器的直播销售主要是由非手艺人的销售人员来负责，所以在器物的介绍以及理念的表达上与创作者的本意和专业知识之间存在一定差距。目前对抖音和其他平台的直播带货的相关法律规定还相对滞后，各家在抖音上进行直播销售也处在起步阶段。以朱氏砂器为例，从2022年10月开始直播，至今仅半年时间；卢奎则是将自己的作品独家供货给了"品持利黑砂茶器"账号进行销售，2023年10月他也在抖音上开设了自己的销售平台。

图5-40 荣经砂器在抖音平台的账号
图片来源：易欣 何雨芹 截图

因此各方也都还在摸索之中，怎样的方式最适合自身和行业，还有待时日进一步探索。

三、由粗放发展阶段向高质量发展阶段转变

（一）手艺人个体

我国要顺利实现现代化建设，必须直面一道门槛，务必把握好人口数量和质量之间的平衡，尤其是通过对创意行业从业青年群体的社会性教育，全面提升我国制造业及第三产业人口质量，在当代制造产业升级的大背景下更为迫切。[1] 因荣经砂器45岁以上的老一辈手艺人其创作高峰正处于我国旅游业大发展的时期，当时传媒网络与如今的差异很大，故本文研究聚焦在45岁以下的青年，单独讨论这个群体的人口质量提升问题。

教育是促进人的现代化最直接的手段，其作用不仅在于普及科学及专业知识，还在于培养人的效能感、价值观、规则意识、开放思维和行为习惯等[2]。从诺贝尔经济学奖获得者阿马蒂亚·森的（Amartya Sen）的"能力方法"（Capability Approach）角度出发，对人的发展界定为生命中的活动可以看成一系列相互关联的"生活内容"（Functions），即"一个人处于什么样的状态

1 李工真，仲崇山.人口压力：走向现代化的一道坎 [N]. 新华日报，2009-07-08.
2 薛天航，刘培林.在中国式现代化进程中促进人的全面发展 [J].科学社会主义，2023，（04）：22-27.

和能够做什么"（beings and doings）的集合，如"良好的营养状况，避免疾病带来的死亡，能够阅读、写作和交流，参与社区生活，公共场合不害羞等"[1]。得益于互联网及人工智能技术的普及，据李丰与腾讯研究院的合作研究，AI技术的普及也可以让艺术家摆脱低级脑力活动而集中精力于作为核心的创意本身，从而拓展能力范围，提升创作效率。长期来看，AI介入艺术会加快艺术史的进化速度。每当进入一个新的艺术范式，AI就可以以已有作品为样本库而将相关的各种可能性迅速挖掘出来，从而加快艺术范式成熟，促使艺术家们更早开始新突破，打开新的维度。[2]荥经砂器在地创作者的身份在当下可以愈加多元，职业名片也更加多样，多重身份叠加在一个人身上。既可以是手艺人，同时也是店主、老板、商人、网红、媒体人、学者……网络时代匠人的职业形态及工作模式也都发生了变化，要提升人口质量，则需针对荥经砂器在地45岁以下的青年创作群集，在适应新的社会环境的知识结构上继续进行教育辅助，提升其职业素养和拓宽其发展空间。比如，可利用地方文旅管理机构组织手艺人群体前往东部设计发达地区，如设计之都上海的公共艺术协同创新中心（Public Art Cooperation Center，简称PACC）等机构进行商业创新设计培训，全方位提升手艺人个体知识结构的更新。

　　青年的就业是社会稳定发展的关键性因素，全社会应努力塑造适宜青年创新创业的优良环境。本文沿用北京大学社会学系王汉生等人《"浙江村"：中国农民进入城市的一种独特方式》一文的分类，将中国农村人口进入城市的方式分为以下若干：在城市企业中"打工"、进入城市的建筑队与装修队、在城市中自我雇用或成为雇主、其他（包括进入城市家庭服务的"保姆"、在街头巷尾揽活的散工等），以及特殊的北京"浙江村"所独有的

1 张朵朵.为发展而设计："能力方法"视角下的乡村手工艺振兴 [J].公共艺术，2020，（05）：20-25；（印）阿马蒂亚·森（Amartya Sen）.再论不平等 [M].王利文，于占杰译，北京：中国人民大学出版社，2016：44-45.
2 李丰，童祁.AI 不会"消灭"艺术家（腾讯研究院）[DB/OL].（2023-8-10）[2023-11-20].https://mp.weixin.qq.com/s/d4-cXSWUD9ZDfTskzgVHBg.

"产业—社区型"进入。[1]

据笔者观察，可将荣经在地的创作青年群体纳入为"产业—社区型"或"产业-街区型"进入，目前这一类型农村人口进入城市的方式是该群体在情感意愿和幸福感上较为容易接受的方式，得益于民众对工匠精神的尊重，手艺人身份能够受到一般大众的接受和认可，在创作中能收获经济收入和价值感获得感，并拓宽了其父辈职业范围的有限性，正如"改革开放以来，一种新的、具有自致性和可变性的、以职业身份为标志的身份系列正在逐渐取代以往的城乡各种身份系列。"[2] 荣经砂器创新群集是农村青年利用自身知识及创造力和经营管理能力积极打破城乡二元身份壁垒的成功尝试，或应得到更多官方支持。

（二）地方政府应尽力避免人口外流，创造利于青年解决婚恋问题的环境

地方特色手工艺产业欲得长期可持续性发展，除了区位优势、资源和政策影响之外，一个较大的影响因素是人口，包含数量与质量。留住手艺的根本在于留住人才，四川雅安荣经砂器所处的西部地区正面临人口外流及减少的空心化危机，同时也面临其他制造业发达地区价廉物美商品的强势冲击，应当思考如何立足荣经砂器，扎根西部，关注全国乃至全球瞬息万变的市场需求，实现有效传承，并保持创新活力，是应解决的问题。

我国西南腹地人口空间分布近年面临许多危机，多地频发的"抢人大战"使各地政府均意识到人口是本地发展的核心和根本，腹地城市和社区及产业如何保持吸引力，创造良好营商、生活环境，使人口不外流并持续性增长，是未来地区可持续性发展的基础。荣经地处四川雅安，存在西部地区人口尽流出的问题，据雅安市政府发布的人口外流的数据统计显示"根据第七次全国人口普查结果显示，2020年11月1日零时全市户籍人口流出省内其

1 王汉生，刘世定，孙立平，项飚."浙江村"：中国农民进入城市的一种独特方式 [J]. 社会学研究，1997（01）：58-69.

2 孙立平，王汉生，王思斌，林彬，杨善华. 改革以来中国社会结构的变迁 [J]. 中国社会科学，1994（02）：47-62.

他市（州）145998人，流出省外63255人；省内其他市（州）流入人口94437人，省外流入人口21482人。省内加省外人口净流出93334人。"[1]

当下我国工业化和城市化发展导致的区域发展不平衡和人口空间分布及家庭结构变化尤为显著。依据"人才－创业－项目－资金"这一发展逻辑，人是一切发展的根本。[2]沿海地区政府较早意识到人才引进的重要性，以浙江省经济并不靠前的湖州市为例，其"南太湖精英计划"，给予各类团队和人才的创业提供从300万-1000万元的启动资金，并提供各类补贴、免租创业场所或相应租金补贴、在子女入学、医疗保健、家属就业等方面享受各项待遇。当然，浙江作为中国民营经济发达的地区，有较充裕的资金为人才提供支持。西部地区政府无资金优势，也可以提供其他形式的支持。但若资金、政策上均不友好，甚至是忽视创作青年群体的需求，西部地区创新群集人口大概率将呈现持续性外流的态势。

据周福林基于人口普查数据的研究，显示人口流迁使单人户、"空巢"和隔代家庭增多[3]，而这些转变都给大众生活方式和价值观带来冲击。针对这批青年的调查，发现荣经当地的创作群体面临更直接的社会变化的冲击。未来地方政府应进一步思考如何增强类似雅安、荣经这种西部城市对创意行业从业年轻人的吸引力。

四川处于我国"乡镇企业发展中地区"，非发达地区。应借鉴、学习东部沿海发达地区经验。依据王拓宇在"区域不平衡问题"一章中的阐述。"伴随区域发展不平衡的加剧，区域间人均收入的差距会越拉越大。其结果必然是形成一个个区域利益共

---

1 雅安市流动人口情况 [DB/OL].（2022-02-07）［2023-11-20].https://www.yaan.gov.cn/xinwen/show/aa7b465a54d0a807f4dc1cc5743ec289.html.

2 付朝欢."抢人大战"到底在"抢"什么？[N].中国经济导报，2023-02-28.

3 周福林.我国留守家庭研究 [M].北京：中国农业大学出版社，2006：124-125.

同体。"[1] 而如江苏宜兴、江西景德镇、广东佛山已经形成有竞争力的集群效应，区域陶瓷产业利益共同体一旦形成和固化，尤以景德镇为代表，已形成较有区域性差异化竞争优势。将会逐步压缩瓦解其他小众陶瓷产业区域利益共同体，荥经砂器产业将面临一、人口外流、人口质量的问题，其中包含创作生产者与消费者，砂器产业社区无法壮大，更无法提升影响力，繁荣当地文化和经济。二、家庭结构变化，单人户创作者流动性大，易流失等危机，以荥经砂器为代表的小众区域利益共同体恐将在市场上逐渐失去话语权、影响力和市场。

（三）行业自律

不恶性竞争、互帮互助、共同筹集资金、解决共同难题等是美好的行业良性竞争状态，并且需要注意面对数字化转型中的虚假宣传、价格战等伤害行业长远可持续发展的问题，还需砂器行业中较有威望者带领年轻一辈实现行业自身的净化。

荥经砂器往高质量发展阶段转变，务必放弃过去的粗放式低水平竞争的模式，这批年轻手艺人正在经历传统手工艺现代转型从粗放、散点式的发展模式进入新的发展阶段的过渡之中。尽管踏实肯干，吃苦耐劳，但青年手艺人依然需要不断提升自身的创造力，政府也需加大扶持和宣传力度，各行各业的青年人都面临各种压力，但这种容易被大工业机器生产和新技术取代的地方特色行业尤其需要政府加大扶持力度，与此同时，行业自身也需自律及自净，保护好这批有梦想、有行动的新生力量。荥经砂器目前所面对的产业结构、传播方式、受众认知均在与日俱变，物在变，人也在变，当下带给我们的挑战是变化的速度大大加快。但任何人造器物留下的遗迹虽然是物，可起点都离不开"人"，青年人才是发展的根本，留住人，人安居乐业，有恒产，有恒心，才能应对变化，才可持续不断地产出好物。

（感谢以上创作及经营者在笔者田野调查中所提供的资料与方便，谨呈致谢。）

---

1 威廉·伯德（William A.Byrd），林青松.中国乡镇企业的历史性崛起：结构、发展与改革 [M].香港：牛津大学出版社，1994：343-383.

第六章

荥经砂器的技艺现代性传承

在工业文明、互联网、人工智能等冲击之下，脱胎于农耕文明的传统手工艺经历着前所未有的冲击，"边缘"和"他者"成为代名词，如何在当下更好地创造性传承、创新性发展成了讨论传统手工艺的必要话题。荥经砂器手工艺根植于雅安荥经民众的生产生活实践之中，是具有多年历史积累的文化资源，为顺应当下及未来社会发展，荥经砂器也将逐步形成"趋同中求异、适应中求存、发展中求新"的格局，以满足社会瞬息万变的需求。在承续与发展之中，通过不断调整自身的生产与经营，以获求生存和发展空间的扩大，并向更多公众展现其独特的生命力和文化特性。在过程中不断更新发展思路，即传统的也是发展的，传统并非静默存在，守正的同时也创新，它自身也是不断自我迭代、自我更新的存在。

第一节　荥经砂器发展中的特性和困境

一、生存特性

（一）趋同中求异

荥经砂器手工艺在形成与发展过程中，其突出的特点为实用性，因此发展出了贴近人们生活的日用器皿。但区别于其他地方性民窑，荥经砂器生产的是砂锅、砂罐这类烹煮器皿，而非杯碗碟类。当地手艺人深刻地把握了对材料的运用和烧制的经验，使得荥经砂器呈现出地方特性。荥经砂器手工技艺在模仿与复制的过程中，通过对工具的改良、工艺的精进和对材料的研究来提高产品的优良程度，并保持了独特的地域特色，也不断地在趋同的背景下求取差异化生存之道，以形成荥经砂器独一无二的手工艺特征。在工艺釉色上，"荥经砂器在取釉的过程中除了会形成神秘的银黑色金属光泽之外，极少数会产生窑变的孔雀蓝、玫瑰红等金属光泽，此种窑变釉色具有天然、环保、无毒、无有害物质的特性，而荥经砂器中的茶具在使用过程中，经过茶水的养润，也会形成不同的金属光泽"[1]；在装饰纹样上，采用了具有历史及四川特色的龙纹和熊猫纹；在审美上，保持了其独有的尚黑、古拙的特点。随着时代和市场需求的转变，荥经砂器在发展的过程中受到了不同地区的影响，但仍然在多年的传承与发展之中保持了其区域独特性。

（二）适应中求存

一方面，荥经砂器适应市场的状况受手工艺人和经营者自身能力等主观因素的影响。当地长期受小农社会文化影响，生存意识始终贯穿于当地人的生活中，"求存"是他们的第一要务，农活和手工艺是他们维持生计的途径。另一方面，荥经作为茶马古道重要的中转站，繁荣流动的商贸经济也影响了当地手艺人适应和拓展市场的意识和能力，使他们不断地调整技艺，以求更好地满足市场需求。但如今传统荥经砂器设计制作观念的滞后、产品的单一以及附加值的偏低，均使它逐步被边缘化，一些产品类型逐渐被市场淘汰，发展陷入难题。在这样的背景下，荥经砂器手工艺的适应性体现在创作及经营群体重新对其技艺本体的审视，主要表现为采取灵活的生产方式和营销方式以应对变化的市场需求。在早期主要采取自产自销的方式，以物美价廉和最大限度地满足消费者需求的特点来获取市场，现在不断迭代更新，生产加工上为提高生产效率，在泥料的制取上采取了半机械化的生产手段，并不断提升手艺人的技艺和审美，来满足日益增长的市场需求；经营模式上，不断增强经营者和手艺人的文化素质，在保持原有加工方式的同时，形成了定制加工、自主开发、公司与个体作坊联营等形式，以满足更高要求的消费需求；销售方式上，充分利用互联网的作用，打破了单一的售卖方式，拓宽了砂器的边界。因此，荥经砂器不断地在适应中求存，得以保持生命力而在如今的竞争中谋得一席之地。

---

1 黄明，徐金蓉，李奎. 基于 ICP-MS 的四川荥经砂器微量元素分析 [J]. 河南科学，2012，30（12）：1730-1733.

（三）发展中求新

荣经砂器手工艺的演变和发展建立在整合的基础上优化，在优化的基础上求新。所谓的整合便是将荣经砂器的多元价值衔接起来，从而实现更好的优化发展，最终形成一个更有价值效率的文化整体。当地手艺人不断尝试对荣经砂器进行重构和再造，希望在保留文化特性的同时，从各个方面求新。

1. 从工艺上求新

荣经砂器传统的器物造型多为制作粗糙的砂锅和砂罐，以较高的性价比满足人们的需求，但是发展至今，当地的手艺人不断精进工艺，使得传统的生活器皿制作愈发精良，并辅之一定纹饰，如龙、熊猫、植物等，提升了砂器的审美性和趣味性。其次，还开发了现代砂器，如茶具、餐具、陈设品以及艺术品。茶具上的创作结合了宜兴紫砂的造型与技艺，并从中创造出砂器的特色。餐具上开发了鸳鸯火锅砂器、蒸饭砂锅甑子和麻花砂锅等，受到好评。陈设品和艺术品则是近年来试图尝试的领域，并发展出了新道路。

除了视觉、外观、造型、色彩及新型功能器型等较直观的内容的开发之外，荣经砂器沿用的材料的安全性也需不断完善求新。传统工艺上使用煤灰渣来达到调色等效果，但不能忽视煤灰渣这种矿业废材具有一定天然放射性特性，其在建材中的再利用也需遵守我国建材放射卫生防护标准。当今荣经砂器主要作为餐饮具、茶具、工艺礼品等器具产品类别，则更应当尊重其材质特性，要注意其中的放射性水平务必符合国家卫生标准。针对此问题，囿于我国目前产业、高校等研究机构与用户之间彼此交流合作程度低，"产学研用"结合水平有待提高，未来有望通过政府协调并加强民众监管指导，引入最新材料学科科研成果，或使用量化研究方法，明确其中所存风险，制造更为安心安全的产品。从从业者个人角度而言，或是在原材料配比上降低与优化煤灰渣的配方比例，或加大与全国其他各类黑瓷黑陶产业工艺的交流学习，例如可参考山东龙山文化蛋壳黑陶杯的"高温渗碳技术"，使用木柴烧制过程中产生的黑灰中的炭粒进行上色，使用更为安全的替代性材料和工艺进行改进，彻底达到符合国家卫生标准并且没有任何危害的水准，创新通常诞生于学科的边界，有赖于未来相关研究进一步推进。

2. 从管理组织上求新

在发展的过程中，当地手艺人突破了以往自产自销的经营模式和管理组织，试图通过多元化的发展理念，将砂器进一步地融入现代生活。当地不仅仅存在老一代手艺人的传统经营模式，还吸引了一些外地文化商人运用更为现代化的管理模式经营发展砂器。更为重要的是老一辈的手艺人开始清晰地认识到自身的不足，并培养有文化有能力的年轻坊主来经营和尝试。运用品牌化管理经营模式，从传统作坊式管理转向现代企业及商业管理，需要经营者具备一定的品牌及商业管理知识。

3. 从空间场域上求新

在传统社会中，与手工艺相关的空间功能一般分为两种：生产和销售。以往荣经砂器的物质空间也就仅仅局限于这两种功能，但是伴随着不断挖掘荣经砂器的文化功能，相关空间出现了新的用途——展示和学习，新的文化空间也意味着新的价值增长点。

4. 在产业链上着力求新

打通整体产业链。在产业上游的"原创"环节加大对自身工艺本体的精益求精；在产业中游着重于衍生和扩大两个方面，开发相关的产品，如增加玩具类、互动装置等；最后在产业下游，结合体育、文旅等资源，利用跨界合作或IP联名等模式推动荣经砂器本身及其产业发展。

5. 明确时代需求并找到更精准的自身定位

随着当下国家产业升级的社会需求的推进，从中国制造转变为中国设计，自北京、上海、深圳、武汉、重庆陆续获取联合国教科文组织的设计之都的城市名片后，其他城市也在陆续紧随其后，逐步意识到设计水平的提升是城市及地区商业发展不可忽视的因素。而荣经地区独特的人文传统和自然环境也成为四川的地区文化储备库，为区域的后续发展提供助力。陶艺具备呈现地区集体意识和认同的功能，也可以为本区域人群的"我是谁"提供判断的依据。荥经砂器相类似的传统工艺在演变与重新建构的历史过程中受到国家政策、工业化生产模式、知识技术变迁、消费主义的扩张、数字技术等驱动力共同作用的影响。作为地区工艺文化遗产的代表，荥经砂器在承袭自历史时期的中国手工艺传统内核的基础上，也顺应经济发展引导，成为很好的文化集体意识和认同的载体。荥经砂器这种文化遗产是地区的形象名片之一，同时也是跨区域间乃至国家之间文化交流的重要载体，也需要在时代的不断变化背景下守住行业根本并创新。

6. 从传播策略上求新

运用新型宣传媒体矩阵，随着手机互联网和智能手机的大面积推广，把用户转变为"粉丝"，是制造业生态良性循环的重要指标。如果经营方管理人员能够利用新媒体如抖音、快手、小红书等各类短视频传播渠道去实现推广目标和效果。吸引大众的注意力，并使这一群体保持稳定，并向大众展示荥经砂器传统工艺之美及造物智慧，向大众分享有意义的生活方式，并不断吸取观众和消费者的反馈进行调整创新，可以让传统工艺不断获得新的生命力。具体可尝试将其手工制作的原生态过程整体优化，将其制作过程视为一种文化元素来进行研究和传播。对于我们来说，如何通过"砂器的制作"（图6-1）过程的传播来提升这种手工艺

图6-1　烧制
图片来源：易欣　摄影

的影响力有着重要的借鉴意义。后续推广可以尝试在传播中强调并放大制作活动环节的仪式感，发掘其中的工艺制作过程的美和砂器本身的美，通过正式的仪式表演可以在粉丝之间塑造出一种具有共同认同和归属的公共场景，用安全的形式，加入表演的成分，用"美"且"与时俱进"的视觉形式进行大众推广，在具体制作过程中研发可以让观众和消费者参与进来的方式，如舞蹈赋予其参与感，并且及时获取受众的反馈，加大利用大众、互联网等新兴媒体进行推广等特点。

二、发展困境

总体来说，荥经砂器在现今的发展中，主要面临三大困境：

（一）无区位优势，人口大量外流，人口及家庭结构小型化

随着高速公路和高铁的快速发展，国道这一交通路线现在的车流量越来越少，作为曾经的主干道的砂器一条街的人流量自然也大幅减少，这对砂器的发展带来了一定冲击。再加上当下我国正处于各方面的转型期，伴随工业化和城镇化发展导致的人口及家庭结构变化尤为显著，在家庭结构小型化为主导的时代，政府及社会组织应加强以家庭为目标的公共服务建设；改进户籍制度，减少劳动者与其家庭成员的地域分割，为增进和改善家庭代际关系创造条件。[1] 在城市和农村都存在这样一个现象，即家庭朝着更小的类型发展，意味着两代人同住的家庭和一对夫妇与自己的未婚子女一起居住的情况在减少，单人户增加。农村地区的隔代家庭增加。[2] 荥经地处四川雅安，这里人口净流出的问题较为突出，据周福林基于人口普查数据的研究显示，人口流迁使单人户、"空巢"和隔代家庭增多，而这些转变都给每个人具体的生活方式和价值观念带来了巨大冲击。

（二）生产方式和社会结构急剧变化，社会节奏由慢到快

荥经砂器原始的生产功能正在弱化和消失，并与日常生活相

---

1 王跃生 . 中国城乡家庭结构变动分析——基于 2010 年人口普查数据 [J]. 中国社会科学，2013（12）：60-206.

2 周福林 . 我国留守家庭研究 [M]. 北京：中国农业大学出版社，2006：124-125.

对脱节。荥经砂器最主要的价值是实用价值，因此它是以生活必需品的形式存在于人们的生活中。砂锅主要用于炖煮食物，砂罐则是用来熬煮中药，这是西南地区传统生活中不可替代的物品。但是，在现代化进程越来越快速的今天，生活中已经出现较多更为方便耐用的工业替代品，且更符合现代人的生活习惯和审美。现代生活所倡导的快速便捷的特性使得荥经砂器几乎无法在生活中产生更多的作用，因此相对脱节。

（三）文化生态、习俗的变迁以及外来流行文化的猛烈冲击

荥经砂器自身所带的文化功能逐渐减弱和消失。在传统社会中，荥经砂器的生产伴随着一些习俗活动和文化活动而存在的，这也是荥经砂器在具备生产行业特征的同时又具备文化特性的原因。信仰、习俗和文化活动构成了滋润荥经砂器生存土壤的养分。在采访过程中一位年老的手艺人表示："以前我还是娃娃的时候，经常看到那些老艺人在烧窑前祭拜窑神啊啥子的，程序也不复杂，就是拿几杯酒啊、几根香啊来祭一祭，和别的地方也差不多，主要还是希望窑神可以保佑砂器烧得好。但是后来就没几个人在做这个了，慢慢也就没有了，现在肯定是看不到了，有点可惜。"另外一位师傅则表示："我们那个时候学徒，还要拜师。再早以前，这个拜师仪式是比较正式的，像我学徒的时候要先提点肉和酒到师父家，再拜师，然后还要帮师父做杂事。"正如手艺人所言，荥经砂器所产生的文化功能越来越淡化，这背后日渐淡漠的是对手工造物和大自然的敬畏。

（四）市场缩小，收入回报比低，从业者后继乏人

荥经砂器手艺人的年纪普遍偏大，专业设计师和知识人才的比例太低，后续劲头不足。这也是传统手工艺所面临的普遍性问题。现代化的冲击，使得荥经砂器的生存空间越来越有限，本就因为手工艺特性而导致的小规模生产，愈发效益不好，景德镇、佛山、德化以及龙泉等地区，或具有很强的区域特色，或已实现工业化转型，在这些冲击下，荥经手艺人的薪酬也就相对较低了，导致荥经当地从事砂器制作行业的手艺人已不足百人。当地

的从业者面临后继乏人的状况，具体表现为三个层面：第一个层面是缺少传承的手艺人、从业者，导致有关技艺面临失传的状况；第二个层面为从事砂器制作的年轻人人数少，后劲不足；第三个层面便是缺乏高层次高素质的手艺人、设计师和从业者。

　　综合而言，原因有三点：第一，一般而言，当地师傅做一个砂锅的平均收益在三到六元之间波动，因大小、难易程度而定。每天平均至少有十来个小时的工作时长，大概一天的收入在两三百元之间波动。收益的背后是高温的工作环境、高强度的工作时长以及较低的回报比，当地的年轻人选择当制砂手艺人者较少，而更加愿意外出务工赚钱。第二，传统手工艺的学习需花费一到三年，才能够达到对材料基本性质的熟悉以及掌握基本的技术技能和技巧，而成为行业里的佼佼者至少需要二十年。学习手工艺所需花费的时间成本太大，技艺成熟的周期太过漫长，以及职业前景的不可预测，使得学习和回报相比不对等，年轻人望而却步。第三，现代社会为年轻人提供了更多的就业机会和更加精彩的生活，因此吸引着年轻人外出。仍然保留有传统手工艺的生产地相对较为封闭，略显沉闷。得益于近年来的国潮茶文化的热潮，荥经砂器从砂锅等实用器皿发展到旅游工艺品进而转向茶器，为荥经砂器的年轻手艺人获得更高收入提供了市场需求，但有一个问题我们不得不思考，如若未来饮茶热潮消退，这批工匠未来的出路又在何处。

第二节　"制以时变，变中有常"的双轨制转型实践

　　荥经砂器不仅只是一种具体的物质形象，也是一种地域性的文化意识形态，存在于日常生活中的传统文化。拥有着独特的美学美感，是具有地域文化差异性的文化产品。当人们更深一步地去认识它、了解它，并且让它融入当代文化时，那么它就成为我们的文化自觉。由于现在人们已经处于一种物质文化相对饱和，非物质文化精神需求进一步增加的过程中，大量消费物质的体面

生活已然被更多消费精神知识的生活方式所取代。传统手工艺作为传统文化的一种展示形式和手段，它包含了特殊的文化内容，如技艺的展示、民俗文化的展示、工艺文化的展示、艺术审美的展示等方面。"传统工艺所包含的传统文化内容，所关联的当代文化生态、文化资源、文化自信，所蕴含的手工劳动的创造力及历史积淀传承的工匠精神，以及与民生、民俗具有紧密联系和广阔的应用实践空间，不仅是重要的民族文化意象、语言和文化认同基础，也是当代创意设计与衍生发展的文脉来源。"[1]

当下大部分传统手工艺在面对现代化的浪潮时，基本分为两种情形：第一种为坚持发展传统，从技艺到纹饰再到样式，完全与传统一样，不作任何现代化的改变，但难以维持生存空间；第二种则是盲目地面对市场，将自己的传统丢弃掉，迎合现代化，虽然仍有一些旧面貌的外表，但内在的文化传统早已丢失，也无法在市场中获得持久的竞争。这两种情况或多或少都对"传统"与"创新"产生了误读。荥经砂器在现代的发展路径有所不同，当地手艺人自主地选择了将传统与创新并存的发展模式，本书将这样的发展模式称为"双轨制"。他们将当地的器具造型分为两类，一类是日常生活传统炊煮用具，另一类是现代黑砂工艺品。这便是基于"双轨制"下的器物生产，两者之间互不干预，但又相互影响。这两类器具的生产代表着当地两条发展路径并存的可能性，大众化的传统炊煮器皿是当地的传统，价廉物美，以低价量产的方式赢得市场；少数高端的工艺品将以更高的品质和审美赢得高收入群体的青睐。因此，所谓的"双轨制"便是"承续传统，创新转型"。

一、承续传统

首先，"承续传统"意味着荥经砂器坚持本源地保护，还原其工艺基因，保护传统材料、技艺、工具、样式、装饰、文化内涵的本真性和经典性，并且试图还原其工艺与文化生态之间的链

---

1 潘鲁生 . 保护·传承·创新·衍生——传统手工艺保护与发展路径 [J]. 南京艺术学院学报（美术与设计），2018（02）：46-52.

接。古城村砂器一条街店铺售卖的产品各有侧重点，大约分为三种类型：第一种是非常传统的小店，店内全部售卖传统的砂锅和砂罐，并无现代黑砂工艺品；第二种是偏重于传统砂锅的售卖和经营，但也附加部分现代黑砂工艺品；第三种则是偏重于现代黑砂工艺品，且注重黑砂新功能的开发，主推茶具和陈设艺术品，辅加少量砂锅的售卖。从这种现象中可以看出，当地手艺人和经营者注重传统器具的保护和传承，通过对经典性传统器物的延续，达到工艺本体的还原。

正如曾庆红所提及的："我们荥经砂器的魂就是传统的砂锅，我们一直以来的传统就是做这个，并且是以砂锅出名的，你去问荥经特产，一定是说荥经砂锅，他不会说别的。所以，我们自己一定不能够放弃这一块，虽然说现在的市场不是那么景气，但是也要把老祖宗的东西一直做下去，并且要越做越好。比如说，现在的砂锅就比以前的要精致多了，器型那些没变化，材料也没变，但是在工艺上是越做越好的。你看我确实在做砂锅的同时也做茶壶，并且茶壶做得还不错，售价也比砂锅高，利润也高一些，但是我还是想两个一起做，绝对不能够只做新的东西，把老的东西丢了，这是肯定不行的。"最初的传统荥经砂器由于材料过于豪放和粗糙，造成产品价位低廉，但是经过对工艺和材料的精进，使其成为今天更精美的新荥经砂器。对传统的承续，意味着手工艺将会得到技艺和文化内涵的支撑，成为可持续化发展的手工艺，但承续并不意味着一成不变。

其次，"承续传统"意味着对传统荥经砂器手工艺进行"多层系""有针对"的保护和传承。"多层系"是指荥经砂器手工艺技艺本体以及手艺人，是物与人之间的保护；"有针对"则是对当地荥经砂器地域性所产生的问题逐一进行解决。

朱氏砂器的经营者——非物质文化遗产传承人朱庆平，在2010年创办了"荥经砂器技艺传习所"，将此作为培训和学习的场所。至此，该场所每年都会培训数十乃至上百人。在当地手艺人的努力下，越来越多的院校也加入到了保护传统荥经砂器的行列中来，其中包括了技术型人才和研究型人才的输入，以一种更为系统化、理论化的方式研究传统荥经砂器。当地政府也推出了一系列的政策，推动对当地手艺人和技艺的保护，如评选当地非物质文化遗产传承人，鼓励当地手艺人积极建设与学习，给予一定补助等。"承续传统"的路径代表着古城村的传统作坊坚持原本的生产经营模式，其特点是用户和购买者相对稳定，形成了固定的独家供应关系，且相互的忠诚度非常高，购买者一般不会随便替换制作商。

在这样的模式中，遵循传统的工匠一般不寻求现代营销，而是在生产过程中力求原貌，"尊重和信任传统"是他们的哲学。作坊通常保持原有的生产规模，即使有一定的市场潜力，也不会随意扩张，以此来保证优良质量。手艺人会坚持原有的文化内容，保留当地的文化根源，而恰恰正是这种做法才使得荥经砂器的本来面貌被完整地传承了下来。

二、创新转型

1996年，在《保护传统工艺，发展传统文化》倡议书中已然提出，"中国手工文化及产业的理想状态应是：一部分继续以传统方式为人民提供生活用品，是大工业的补充和补偿；一部分作为文化遗产保存下来，成为认识历史的凭借；一部分蜕变为审美对象，成为精神产品；一部分则接受了现代生产工艺的改造成为依然保持着传统文化的温馨的产品。"[1]因此，扎根于现代生活，从传统中创造出新的砂器文化，重塑其工艺文脉也是当下努力的重点。在荥经县人民政府门户网站上，2018年的《荥经县文新广局召开"文旅融合，促进砂器提档升级"专题座谈会》一文中提道："会议议定，相关责任单位要立足本职，积极作为，协调推进荥经砂器提档升级，一是要立足实际，高标准设计砂器发展规划；二是要充分整合资源，全面延伸砂器产业链；三是要将传承与发扬结合，全面提升市场竞争力；四是要树立砂器品牌，广泛

---

1 潘鲁生.保护·传承·创新·衍生——传统手工艺保护与发展路径[J].南京艺术学院学报（美术与设计），2018（02）：46-52.

宣传；五是要完善奖励机制，建立行业规范，保证砂器产业健康发展。"[1] 对荣经砂器的保护，当地不仅仅停留在静态循环"陈列展示、不断生产"的过程中，开始结合地域文化生态，进一步保护其发展土壤，实现活态的保护，"创新转型"成了发展新方向，主要体现在三个方面：

（一）物的转型——发展新类型的荣经砂器

目前而言，古城村当地的艺术生产或为部分有设计能力的手艺人，或为院校师生，或为外来艺术家。通常，他们在传统砂器文化的基础上扩大和改良其文化价值和使用目的，使传统工艺回归到日常生活。转型后的黑砂工艺品，可以更好地反映当地地域性文化的内涵和功能，同时又能维护传统手工艺的生态伦理和生产伦理。吕品田在《重振手工与非物质文化遗产生产性方式保护》一文中，将这种实现传统手工艺现实功用的办法定义为"生产性保护"。他认为："就维护非物质文化遗产的生存基础和生态条件而言，或者说从非物质文化遗产生态保护根本而普遍的需要出发，手工生产方式及其传统技艺需要首先得到保护和振兴。所谓'生产性方式保护'，便是切合手工技艺存在形态和传承特点，可以不断'生产'文化差异性的一种生态保护方式，或者说，这其实就是努力遵循非物质文化遗产自身规律的社会文化实践。"[2]

当地发展的黑砂工艺品主要以茶具用品为主，其次是室内陈设品和雕塑艺术品、旅游产品等。由于当地具有茶文化的基础，因此发展茶具用品是一条切实可行的创新道路。当地手艺人注重对产品功能的新探索，因此茶具的生产受到他们的青睐。院校师生及艺术家，则是更注重对荣经砂器特殊材质和工艺的再设计，将其提升到艺术品的定位，艺术创作对创作者个人要求较高，当

1 荣经县文新广局召开"文旅结合，促进砂器提档升级"专题座谈会 [EB/OL].（2018-9-12）[2019-10-3].http://www.yingjing.gov.cn/gongkai/show/201809121112329-068300-00-000.html.

2 吕品田.重振手工与非物质文化遗产生产性方式保护[J].中南民族大学学报（人文社会科学版），2009，29（04）：4-5.

地政府已开始连续几年举办"荣经黑砂创作大赛",以此吸引当地手艺人、艺术家以及院校师生的参与,希望从中促进砂器的创新转型。

在生产性保护的理念下,当地将传统荣经砂器的价值与现代设计相结合,从而再次重构日常使用功能,实现其文化价值空间的增值。因此,对荣经砂器的保护不是一种僵硬的消极保护,而是可以将其引入当代工业体系,又不违反其内部规律和自身的运作方式,也不扭曲其自然演化趋势,使其在生产实践中得到积极的保护。[1]

(二)手工艺空间的转型——发展高情感文化产业

"如果说,把人类的需要分为肉体存在和精神存在的话,那么新技术的产生主要解决的是在高度发达社会中人类肉体存在的需要,而高情感主要解决的是在高度发达社会中人类精神的需要。"[2]荣经砂器所在地独有的地理环境以及手工艺文化,足以满足人们的高情感需求。因此,将荣经砂器作为一种手工艺文化,可转型为高情感文化产业,在这样的空间中,更容易让消费者具有代入感并增加对其的吸引力。当地也已经推出相关计划:"荣经县将以黑砂产业为核心,融入'旅、养、文、乐、农、工'六大体系元素来进一步发展,主要策略为:一是颛顼广场旅游功能提升,二是砂器一条街打造,三是108黑砂艺术村建设,四是牛头山双创综合体建设,五是荣经县古城黑砂产业技术研究院建设。"[3]

荣经砂器手工艺由传统的物质生产模式转向为高情感文化产业的发展是必然趋势,但这并不意味着可以在当地随意地发展旅游业,建造一些不伦不类的建筑,以此来吸引游客的到来。盲目操作只会适得其反,重点在于精准把握当地的文化特征。 在转向

---

1 吕品田.重振手工与非物质文化遗产生产性方式保护 [J].中南民族大学学报(人文社会科学版),2009,29(04):4-5.
2 方李莉.西部开发与高情感文化产业的发展 [J].文艺研究,2001(07):21-22.
3 荣经砂器产业概况介绍 [EB/OL].(2019-01-04)[2019-2-20].https://www.yingjing.gov.cn/show/2019/01/04/72528.html.

高情感文化产业时，应当从当地寻求文化的根源，保持其文化根性，并且立足于当地的地域性文化特征，这才能保护当地本土文化，提高当地居民生活质量。

（三）手工艺从业者的转型——加大交流合作，提升创造力

荣经砂器从业者应加大加深与国际国内相关艺术院校、产业前沿、艺术家等创作者的合作交流，如加大与附近艺术高校师生的合作交流。以地处西南腹地的四川美术学院为例，学院致力于与地方性创造群体合力发挥区域优势，保护、传承西南腹地造物智慧并积极创新，在手工艺专业建设及学科学术传统上积累深厚，近半个世纪以来，师生在西南地方手工艺文化的传承及创新上有学统上的扎实基础，并不断在教学和创作中突出尝试并投身各类实验。

以唐英、尧波、王崇东、刘玉城、白玥、王旭东等高校师生为代表，作为陶瓷产业的创作者，与在荣经当地的手艺人群体共同构成了荣经砂器相关的产业文化生态，尽管各自的作品有很大差异，但这些群体彼此之间存在共生共荣的关系。从手工艺传承和长远发展的角度而言，产业链上游、中游、下游，乃至营销、宣传等各个环节中的个体，彼此都应加大交流互动，尽管市场瞬息万变，但变中永有不变，各个群体相互交流、产生思想的碰撞，更有利于传统手工艺在留住核心差异化个性特色的同时，抓住时代需求，实现创新。

荣经砂器在面对工业化潮流时的发展，既没有盲目地跟随大众，也没有固步自封，而是自发地选择了传统与现代并行的"双轨制"发展模式。因此，本书将它作为具有典型性和代表性的案例进行分析。荣经砂器的承续与转型，也就是其"制以时变，变中有常"的双轨制。所谓的"双轨"指的就是承续传统、创新转型。在这里，其核心是探讨应该如何对待传承与创新。两者相辅相成，当地的手艺人肯定传统，以传承传统为先，再以核心技艺与文化内涵为支撑进行创新，这样既保留了自身的文化根性，又扩展了其现代展性。承续传统、创新转型的"双轨制"是："在保护上，突出原汁原味，续存文化根脉；在传承上，兼顾个体与集体，全面构建传承体系；在创新上，扎根当代生活，重塑传统工艺活力；在衍生上，积极探索跨界融合的多元发展路径。"[1]

荥经传统日用器皿的承续，是对其工艺文脉的保护，是民族文化的生动表征，是地方乡愁的载体。创新转型的现代黑砂工艺品则是更好地在当代社会中找到黑砂艺术性与实用性之间的平衡，获得现代的消费群体，并保留黑砂原有的特点与个性。高情感文化产业的转型为荥经砂器后续的发展提供了更加优良的土壤，在这样的空间中，荥经砂器未来的价值方得以凸显出来。

1 潘鲁生.保护·传承·创新·衍生——传统手工艺保护与发展路径 [J].南京艺术学院学报（美术与设计），2018（02）：46-52.

结　论

　　荥经砂器工艺是当下砂器转型设计与衍生发展的文脉来源的基础。手工艺存续与变迁是动态的发展，意味着历史的过往、正在发生的变迁以及未来的期待。本书针对这一地方性民窑的发展历程、核心技艺、造型装饰、文化内涵，做了较为详细的阐释。其中涵盖了技艺主体传承方式、生产组织形态、经营模式、销售方式、空间变化等内容，强调了砂器制作核心技艺的承续与转型，从非物质层面阐释手工劳动的创造力和创作群体的工匠精神。

　　历经了初始期和发展期、鼎盛期、停滞期、复苏期四个历史阶段的荥经砂器，在每个阶段都有着不同的特点。不同时期的历史背景，使其具有了厚重的历史感，不断裂的发展历程为现今的发展提供了物质和文化基础。荥经砂器被印上了当地的文化历史烙印，其历史价值主要体现在悠久性、知名性、辐射性以及延续性四个方面。

　　经过长时期的历史发展，砂器技艺业已成熟化和体系化，这为后续的发展提供了技术保障。其一，由于当地的传统技艺未曾断裂过，其文化根性保留至今，所以砂器技艺具有强烈的不可替代性；其二，砂器的工艺体现了手工劳动的创造力和文化生态的延续性。传统手工艺不仅是手艺人的谋生手段，也是支撑当地社会生活的必要生产活动，更是人们抒发自身情感和愿望的途径。当工业文明裹挟着实用主义和快消主义瓦解了人们对于器物本身的尊重和珍惜时，当秉持发展的目的无限制地掠夺自然资源时，重新发现手工艺文化中的可取之处，即如何以自我的伦理道德去与大自然、社会、人类的生活和谐相处。传统手工艺作为习得性知识，它侧重于实践和经验的累积。从传承机制上看，除显见的血缘、亲缘、地缘为主的家庭或师徒传承形式之外，同时也包括社会培训与学校的教育传承的转型。不同形式的生产组织、经营模式以及销售方式的产生和变化，会给砂器的发展提供更多的可能性、想象力和竞争力。作为非物质文化遗产，砂器所具有的实用、经济、文化、审美、历史、教育等多元价值，不仅是一个价值系统，也是当下砂器转型设计与衍生发展的价值来源；其次，传统荥经砂器手工艺是一种活态文化，它是地域文化表达的重要方式，承载了民族的造物智慧文脉，是民族文化的生动表征，也是工匠精神的象征。

"双轨制"下的活态化保护可为未来传统手工艺保护提供基础。在当下复杂语境中，传统手工艺的承续，需要其本身可以自主地生存下来并持续发展。环顾各类传统手工艺的现代转型存在的两种现象：一是完全迎合当下人们的喜好，抛弃本身的手工艺文脉，成为一种可以被取代的变形工艺，已然看不出其原始面貌；另一则是坚守传统，完全按照传统的形制，但已经不符合现代人们的生活需求，被排斥在现代化的市场之外。因此，荥经砂器在保护基础上的发展与转型，不失为一个最佳的选择。

本书总结了荥经砂器"趋同中求异""适应中求存""发展中求新"的生存特性。当人们重新了解其技艺行为、工具传统、技艺特点以及管理组织、内涵思想后，以此为基础，再去了解其现今的发展模式——"制以时变，变中有常"的"双轨制"，会更有思考价值和借鉴意义。"承续传统、创新转型"双轨制的重点在于当地人们通过拓宽生活渠道和再生活化的改良生产，重构荥经砂器的日常使用场景，实现其融入民众日常生活的"再生活化"，并以此破解与日常生活衔接不足的瓶颈，从而再进行生产性保护。与此同时，荥经砂器在未来的转型方向上要找准目标人群的情感契合点，从而带动当地发展高情感文化产业。肯定传统，以传承传统为先，再在掌握核心技艺和理解文化内涵的基础上进行合理和适度的创新，也是"双轨制"存在的意义。"没有对传统的传承，创新就会失去技艺和文化内涵的支撑，不可持续。而没有创新，传承也无法融入现代生活，难逃衰微。"[1]荥经砂器"双轨制"下的活态化保护，证明了砂器与民生、民俗间

---

1 王燕．传统手工艺的现代传承 [M]．南京：译林出版社，2016：172．

具有紧密联系的应用实践空间。"双轨制"的发展，保护了作为创新源泉的根文化不被破坏，为后续的发展提供了源源不断的动力。这种发展模式对处于相同境遇中的其他民间手工艺有着重要的借鉴意义。

对四川荥经砂器存续与转型的研究只是手工艺研究中的一个个案，通过多维度的分析，有助于思考手工艺发展中的每一个环节与路径。每一个个体既处在历史之中，又站在现代的起点之上。对传统的理解并不是固守过去的存在，而是站在现在的起点上重构其对现代的意义，尊重其丰富性和情感性，发展才可持续。

正如孙建君提道："民族的文化是设计走向未来的坐标，前人的智慧和文化的多样性将会给我们当今的设计带来深刻的思考与无尽的启示。"[1] 在当下这个时代，信息技术高速发展，民众收入及知识的增长，以及审美观念的变化，都带来了深刻的影响和变革，社会对传统工艺的知识及产品的需求与标准也在逐步提升。过去的手工艺之所以呈现部分衰落的状态，有部分原因是科技进步和知识积累而产生的消费者自然淘汰其落后技术，尊重这一现实。但对于满足当下需求的优良的工艺也存在一些研究、保护及开发上的劣势和不足，如基础研究过少等，未来则有必要在外部环境及工艺自身不断变化的趋势下，进一步加深并丰富传统工艺研究的文化积淀，可在人才储备上大力扶持，科研投入上继续加强。当代设计应从传统工艺中汲取营养，继续秉持"以人为本"的原则，去粗取精，去其糟粕，取其精华，创造出可满足人的精神和心理需求的新产品，并积极实行品牌化发展，力求行销国内外，以口碑取胜，达到文化自信的新高度。

荥经砂器历经多年发展，积累了若干代匠人的经验、心血以及他们自己的人生，也见证了包括生产者与消费者等多个群体对工艺品消费逐渐变化的过程。匠人在变化，消费者亦在变化，

1 孙建君.传统文化的守望者、民族道义的担当者——我所认识与理解的孙长林[J].民艺，2022（03）：54-61.

匠人的手艺、技术及审美也与时俱进，消费者同时也在成长，对待传统砂器的审美也发生了变化，品牌化经营的趋势在变大，个性化产品的需求在增长，今日的消费者也在塑造今日的匠人们，今日的匠人们也在改变新的消费者。两者之间有机互动，也正是在这种互动之下，荥经砂器呈现出新的面貌，使人群、使荥经砂器各类工艺，得以突破各自的局限和束缚，逐渐明确未来的发展路径。不论"消费热潮"的潮起潮落，变化的是热度，不变的是"认真对待"的匠心。

本书通过对荥经砂器工艺的历史沿革、技术本体、文化生态、传承发展等问题的梳理，讨论了其在承续与转型中的基本问题，并对此进行了较为综合探索，提出了可解决问题的思考路径和借鉴意义。在后续的研究中将会把荥经砂器的研究置于更为宽广的技术与知识体系及研究视野中，关注荥经砂器的文化空间和文化生态，以及在当代的可持续发展，以助于更加系统地理解其生长土壤，探求传统手工艺之于现代生活的活态化发展之道。本书提供了一个与荥经砂器的发展、技术和相关的文化生态对话的机会，也为我们提供了一面后视镜，向前走也不忘来时路，未来将进一步思考中国当代设计应如何在荥经砂器这种地方区域性小众传统技艺中扎根，推动其文化迭代，不断滋养自身的创造力。

参考文献

专著

1. （汉）班固. 汉书·律历志[M]. 北京：中华书局，2013.

2. （汉）应劭撰，王利器校注. 风俗通义校注之序[M]. 北京：中华书局，1981.

3. （清）孔广森. 大戴礼记补注：附校正孔氏大戴礼记补注[M]. 北京：中华书局，2003.

4. ［德］哈特穆特·罗萨. 新异化的诞生——社会加速批判理论大纲[M]. 郑作彧译. 上海：上海人民出版社，2019.

5. ［美］马歇尔·萨林斯. 甜蜜的悲哀——西方宇宙观的本土人类学探讨[M]. 王铭铭，胡宗泽译. 北京：生活·读书·新知三联书店，2000.

6. ［美］梅尔福特·斯皮罗. 文化与人性[M]. 徐俊等译. 北京：社会科学文献出版社，1996.

7. ［美］尼尔·波斯曼. 技术垄断：文化向技术投降[M]. 何道宽译. 北京：北京大学出版社，2007.

8. ［美］威廉·A. 哈维兰. 文化人类学[M]. 上海：上海社会科学出版社，2007.

9. ［日］柳宗悦. 民艺论[M]. 孙建君译. 南昌：江西美术出版社，2002.

10. ［日］柳宗悦. 工艺文化[M]. 徐艺乙译. 桂林：广西师范大学出版社，2011.

11. ［日］エルメス财团编. 土 Savoir & Faire[M]. 东京：岩波书店，2023.

12. ［英］爱德华·卢西·史密斯. 世界工艺史——手工艺人在社会中的作用[M]. 朱淳译. 杭州：中国美术学院出版社，1993.

13. ［英］爱德华·泰勒. 原始文化[M]. 蔡江浓编译. 杭州：浙江人民出版社，1988.

14. ［英］高尔斯华绥. 高尔斯华绥中短篇小说集[M]. 陈焘宇译. 上海：上海译文出版社，1997.

15. ［英］迈克·克朗. 文化地理学[M]. 杨淑华，宋慧敏译. 南京：南京大学出版社，2007.

16. 《荥经县志》编纂委员会. 荥经县志（1986-2000）[M]. 北京：方志出版社，2011.

17. ［英］雷蒙德·威廉斯. 文化与社会[M]. 吴松江，张文定译. 北京：北京大学出版社，1991.

18. 曹小鸥. 中国现代设计思想——生活、启蒙、变迁[M]. 济南：山东美术出版社，2018.

19. 费孝通. 乡土中国（修订本）[M]. 上海：上海人民出版社，2013.

20. 杭间. 手艺的思想[M]. 济南：山东画报出版社，2003.

21. 杭间. 中国工艺美学史[M]. 北京：人民美术出版社，2007.

22. 刘魁立. 刘魁立民俗学论集[M]. 上海：上海文艺出版社，1998.

23. 潘鲁生. 民艺学论纲[M]. 济南：山东教育出版社，2002.

24. 彭南生. 半工业化——近代中国乡村手工业的发展与社会变迁[M]. 北京：中华书局，2007.

25. 乔晓光. 本土精神：非物质文化遗产与民间美术研究文集[M]. 南昌：江西美术出版社，2008.

26. 四川省文物考古研究所编. 四川考古报告集[M]. 北京：文物出版社，1998.

27. 四川省荣经县地方志编纂委员会编. 荣经县志[M]. 重庆：西南师范大学出版社，1998.

28. 孙建君. 中国民间美术[M]. 上海：上海画报出版社，2006.

29. 孙建君. 中国民俗艺术品鉴赏：陶瓷卷[M]. 济南：山东科学技术出版社，2001.

30. 唐尧. 形而上下——关于现代—后现代雕塑的哲学与诗性陈述[M]. 北京：华夏出版社，2008.

31. 万辅彬，韦丹芳，孟振兴. 人类学视野下的传统工艺[M]. 北京：人民出版社，2011.

32. 王立端，段胜峰. 民以食为天：中国饮食器物设计作品集[M]. 重庆：重庆大学出版社，2017.

33. 王世舜，王翠叶译注. 尚书[M]. 北京：中华书局，2012.

34. 王燕. 传统手工艺的现代传承[M]. 南京：译林出版社，2016.

35. 魏晓芳，赵万民. 三峡人居环境文化地理变迁[M]. 南京：东南大学出版社，2014.

36. 闻人军. 考工记译注[M]. 上海：上海古籍出版社，2008.

37. 吴山. 中国工艺美术大辞典[M]. 南京：江苏美术出版社，1989.

38. 徐艺乙. 物华工巧——传统物质文化的研究与探索[M]. 天津：天津人民美术出版社，2005.

39. 徐艺乙. 中国民俗文物概论[M]. 上海：上海文化出版社，2007.

40. 中国硅酸盐学会. 中国陶瓷史[M]. 北京：文物出版社，1982.

41. 周福林. 我国留守家庭研究[M]. 北京：中国农业大学出版社，2006.

期刊

1. 白玥. 荥经砂器的跨材料延伸[J]. 陶瓷研究，2018，33（03）.

2. 曹小鸥. 设计，作为一种"手段"——兼谈非物质文化遗产保护问题[J]. 中国非物质文化遗产，2020（01）.

3. 丁培人. 颛顼传说与荥经[J]. 宗教学研究，2015（04）.

4. 方李莉. 西部开发与高情感文化产业的发展[J]. 文艺研究，2001（07）.

5. 苟锐，谭丽梅. 荥经砂器器型探微与演进思考[J]. 装饰，2017（08）.

6. 关涛，李莉. 从材质美管窥荥经砂器的实用性及其独特的生命力[J]. 艺术科技，2017，30（05）.

7. 杭间，曹小鸥. 设计：另一种启蒙——改革开放三十年来设计思想与实践的演进[J]. 文艺研究，2009（01）.

8. 杭间. 传统如何现代——中国现代手工艺思辨[J]. 民艺，2018（01）.

9. 杭间. 语焉不详的中国"现代陶艺"——90年代以来中国现代陶艺的现实和问题[J]. 文艺研究，2003（01）.

10. 杭间. 中国传统工艺的智慧与思想[J]. 中华手工，2017（07）.

11. 何海南，李秋. 荥经砂器历史发展演变探究[J]. 民艺，2021（05）.

12. 何毅华，李克难. 基于陶瓷文化科普的荥经砂器的可视化研究[J]. 包装工程，2023，44（10）.

13. 何毅华，邹艳红. 浅析雅安荥经砂器的工艺特征——一种集"天时、地气、材美、工巧"的砂器艺术[J]. 中国陶瓷，2015，51（09）.

14. 何毅华. 一种现代意义的乐烧形式——雅安荥经砂器的烧制技艺[J]. 陶瓷科学与艺术，2017，51（02）.

15. 胡海玲. 传统文化背景下的荥经黑砂器在现代生活中的创新设计[J]. 工业设计，2020（07）.

16. 黄家祥，代强，高俊刚等. 四川荥经县高山庙西汉墓群M3发掘简报[J]. 四川文物，2017（05）.

17. 黄家祥，代强，高俊刚等. 四川荥经县高山庙西汉墓群M5发掘简报[J]. 四川文物，2017（06）.

18. 黄明，徐金蓉，李奎. 基于ICP-MS的四川荥经砂器微量元素分析[J]. 河南科学，2012，30（12）.

19. 姜龙，赵爱丽，谭丽梅. 匠心传承视野下的荥经砂器创新产品设计研究[J]. 包装工程，2018，39（24）.

20. 江玉祥. 雅安与茶马古道[J]. 四川文物，2012（02）.

21. 蒋晓明，易希平，张晓琳. 后现代社会的职业教育走向——实现人的自由发展与完全解放的全人教育[J]. 大学教育科学，2021（05）.

22. 李炳中. 四川荥经县同心村巴蜀墓的清理[J]. 考古，1996（07）.

23. 李晓鸥，巴家云，雷雨. 四川荥经同心村巴蜀墓发掘简报[J]. 考古，1988（01）.

24. 廖明君，邱春林. 中国传统手工艺的现代变迁——邱春林博士访谈录[J]. 民族艺术，2010（02）.

25. 刘佳鑫，孟福伟，杨涛. 延续与再造——四川美术学院2022届陶艺本科生毕业作品展侧记[J]. 中国陶艺家，2022（03）.

26. 刘魁立. 非物质文化遗产及其保护的整体性原则[J]. 广西师范学院学报，2004（04）.

27. 刘魁立. 关于非物质文化遗产保护的若干理论反思[J]. 民间文化论坛，2004（04）.

28. 刘魁立. 论全球化背景下的中国非物质文化遗产保护[J]. 河南社会科学，2007（01）.

29. 刘益东. 数字反噬、通能塔诅咒与全押归零的人工智能赌局——智能革命重大风险及其治理问题的若干思考[J]. 山东科技大学学报（社会科学版），2022，24（06）.

30. 刘玉城，胡裕丰. 泥性重构——记四川美术学院2022届陶艺研究生毕业作品展[J]. 中国陶艺家，2022（04）.

31. 刘玉城. 起点——四川美术学院2016年陶瓷工作室毕业展记[J]. 中国陶艺家，2016（03）.

32. 刘玉城. 手物新象——四川美术学院2013级陶艺工作室毕业展[J]. 中国陶艺家，2017（03）.

33. 刘玉城. 陶之为陶——从《时节》谈我的陶艺观[J]. 美术观察，2020（10）.

34. 吕品田. "手"的重新出场——现代手工文化中的新手工艺术[J]. 艺苑（南京艺术学院学报美术版），1997（03）.

35. 吕品田. 重振手工与非物质文化遗产生产性方式保护[J]. 中南民族大学学报（人文社会科学版），2009，29（04）.

36. 马高骧. 闪光的砂器——谈四川荥经砂器新貌[J]. 陶瓷研究，1988（03）.

37. 孟福伟. 立足本土放眼世界——"瓷的精神"双年展观展有感[J]. 中国陶瓷工业，2022，29（04）.

38. 孟福伟. 造型是基础、技能是手段、材料是媒介——关于四川美术学院陶艺教学的思考[J]. 艺术评论，2017（07）.

39. 潘鲁生. 保护·传承·创新·衍生——传统手工艺保护与发展路径[J]. 南京艺术学院学报（美术与设计），2018（02）.

40. 孙建君，陶俑. 非物质文化遗产保护与文化产业发展——以手工技艺为例[J]. 雕塑，2013（S1）.

41. 孙建君. 手工技艺的文化传承及其启示[J]. 通化师范学院学报，2015，36（09）.

42. 孙建君. 手工艺传承启示录[J]. 中华手工，2020（01）.

43. 唐英，刘玉城. 现代观念与传统技艺——记四川美术学院陶瓷专业2010届毕业作品[J]. 中国陶艺家，2010（02）.

44. 王颖，张思涵，傅国庆等. 土与火的艺术：荥经砂器工艺探究[J]. 文物鉴定与鉴赏，2020（09）.

45. 王玉珏，尧波. 川美毕业生的创业型陶艺工作室研究[J]. 陶瓷，2021（06）.

46. 王玉珏，尧波. 审视与反观——四川美术学院2021届陶艺研究生毕业作品解析[J]. 中国陶艺家，2021（03）.

47. 王跃生. 中国城乡家庭结构变动分析——基于2010年人口普查数据[J]. 中国社会科学，2013（12）.

48. 王枭. 荥经黑砂器数字博物馆交互设计研究[J]. 收藏与投资，2022，13（06）.

49. 谢亚平. 传统工艺智慧与当代设计[J]. 中华手工，2020（02）.

50. 谢亚平. 论传统手工技艺可持续发展的三种策略——以四川夹江手工造纸技艺为例[J]. 生态经济（学术版），2014（02）.

51. 徐平，支宇，章勇. 雅安荥经砂器仿生设计的趣味化研究[J]. 中国陶瓷，2017，53（02）.

52. 徐平，支宇，章勇. 雅安荥经砂器之炊煮用具的工艺特征探析[J]. 装饰，2016（05）.

53. 徐艺乙. 传承人在非物质文化遗产生产性保护中的作用[J]. 贵州社会科学，2012（12）.

54. 徐艺乙. 手工艺的传统——对传统手工艺相关知识体系的再认识[J]. 装饰，2011（08）.

55. 徐艺乙. 中国历史文化中的传统手工艺[J]. 江苏社会科学，2011（05）.

56. 严志斌. 四川荥经同心村墓地出土巴蜀符号探析[J]. 四川文物，2020

（06）.

57. 杨永善. 传统陶瓷工艺研习札记[J]. 装饰，2012（11）.

58. 易欣. 设计+互联网，助力供需精准对接[J]. 美术观察，2020（05）.

59. 殷华叶. 何谓民艺：柳宗悦关于民艺本质的探讨[J]. 民艺，2019（05）.

60. 余强. 传统手工艺的承续与创新[J]. 中华手工，2020（05）.

61. 余强. 非遗保护与手工新质的当代释读[J]. 民艺，2018（03）.

62. 余强. 四川古严道砂器与陶器考察记[J]. 民艺，2018（05）.

63. 张朵朵. 隐性知识：传统手工艺设计创新研究的微观视角[J]. 装饰，2015（06）.

64. 赵殿增，陈显双，李晓鸥. 四川荥经曾家沟战国墓群第一、二次发掘[J]. 考古，1984（12）.

65. 赵殿增，陈显双. 四川荥经水井坎沟岩墓[J]. 文物，1985（05）.

学位论文

1. 白玥. 荥经砂器在地设计途径研究[D]. 四川美术学院，2020.

2. 陈橙. 基于雅安地域文化的黑砂创新产品设计[D]. 湖南大学，2017.

3. 何海南. 四川荥经砂器的承续与转型研究[D]. 四川美术学院，2019.

4. 李莉. 四川雅安黑砂陶研究与实践[D]. 沈阳理工大学，2018.

5. 李致伟. 通过日本百年非物质文化遗产保护历程探讨日本经验[D]. 中国艺术研究院，2014.

6. 王鹏. 四川荥经砂器研究[D]. 贵州师范大学，2016.

7. 王潇. 传统手工艺的再生产研究[D]. 西安美术学院，2016.

8. 王旭东. 银砂熠熠：荥经砂器色彩肌理探索[D]. 四川美术学院，2020.

9. 韦小英. 荥经砂器造物方法与设计研究[D]. 西华大学，2021.

10. 谢亚平. 四川夹江手工造纸技艺可持续发展研究[D]. 中国艺术研究院，2012.

11. 徐平. 基于图像分形检索的荥经砂器产品形态创新设计研究[D]. 西南交通大学，2021.

12. 赵杰. 荥经砂器茶具产品设计研究[D]. 四川师范大学，2018.